高等职业教育教材

环境影响评价

冯晓翔　娄绍霞　主编

化学工业出版社

·北京·

内容简介

本书主要内容包括：环境影响评价概述，环境影响评价程序和方法，工程分析，大气环境影响评价、地表水环境影响评价、固体废物影响评价、其他类型环境影响评价（主要包括声环境影响评价、生态影响评价、环境风险评价、规划环境影响评价）。主要介绍环境影响评价的基本概念和特点、环评的程序和方法、环评报告中需要关注的重点领域和关键问题，提示撰写时应注意的事项和技巧；通过实际案例，分析环评实践中出现的问题和解决方案，总结环评实践的经验和教训，介绍环评技术的发展历程和趋势，探讨环评技术在环保领域的应用和前景。本书可帮助相关从业人员了解和掌握环境影响评价的基本知识和技能，提高环评实践的水平。

本书为高等职业教育本科、高职高专环境保护类专业的教材，也可作为广大读者学习环境影响评价的参考书。

图书在版编目（CIP）数据

环境影响评价/冯晓翔，娄绍霞主编．—北京：化学工业出版社，2024.3
ISBN 978-7-122-44713-5

Ⅰ.①环… Ⅱ.①冯…②娄… Ⅲ.①环境影响-评价 Ⅳ.①X820.3

中国国家版本馆CIP数据核字（2024）第001483号

责任编辑：王文峡　　　文字编辑：刘　莎　师明远
责任校对：宋　玮　　　装帧设计：韩　飞

出版发行：化学工业出版社
（北京市东城区青年湖南街13号　邮政编码100011）
印　　刷：三河市航远印刷有限公司
装　　订：三河市宇新装订厂
787mm×1092mm　1/16　印张14¼　字数316千字
2024年3月北京第1版第1次印刷

购书咨询：010-64518888　　售后服务：010-64518899
网　　址：http://www.cip.com.cn

凡购买本书，如有缺损质量问题，本社销售中心负责调换。

定　　价：48.00元　　　　　版权所有　违者必究

前言

随着社会对环境保护的重视，环境影响评价已成为许多国家和地区的重要法律程序，用于评估建设项目对环境的影响、制定环境保护措施，监督环境保护措施的实施。

本教材的编写主要依据国家环境影响评价相关法律法规和政策文件，注重理论与实践相结合，介绍了环境影响评价的基本理论和方法，参考了国内外相关的环境影响评价研究成果和实际经验，通过提供大量的案例分析和实践练习，帮助读者更好地理解和掌握环境影响评价的方法和技能，力求使教材内容更加科学、实用和具有指导性。

本教材贯彻生态文明思想，践行绿水青山就是金山银山的理念，推动绿色发展，促进人与自然和谐共生，充分体现了党的二十大精神进教材。主要包括坚持创新、协调、绿色、开放、共享的新发展理念，以及推动高质量发展、加强党的建设等方面的内容，注重将这些精神融入教材中，以更好地指导读者在环境影响评价领域的工作。

本书编写分工如下：项目一、项目二由天津渤海职业技术学院娄绍霞和天津市生态环境局邓宝乐共同编写，项目三和项目五由天津渤海职业技术学院赵倩倩和天津现代职业技术学院陈曦编写，项目四和项目六由天津渤海职业技术学院邢竹、天津市生态环境局张莉共同编写，项目七由天津渤海职业技术学院安洋编写，以上分项目的案例和相关链接均依附于各分项目同期编写完成；安洋和孙雨童负责本教材电子课件的制作。全书由冯晓翔统稿。

本书引用了环境影响评价技术导则、国家标准和法律法规，参考引用了环境影响评价人员培训教材、环境影响评价工程师执业资格考试系列教材以及许多专家学者的著作和研究成果，化学工业出版社为本教材的编写出版付出了辛勤的劳动，在此一并表示感谢。

由于编者水平所限，书中疏漏在所难免，敬请各位读者给予批评指正。

编者

2023 年 7 月

目录

项目一　环境影响评价概述　1

模块一　走进环境影响评价　1
　　任务一　掌握环境影响评价基本概念　1
　　任务二　环境影响评价制度发展历程　7
模块二　我国环境影响评价制度的特点　13
　　任务一　掌握我国环境影响评价制度特点　13
　　任务二　了解环境影响评价工程师职业资格制度　15
模块三　环境法规与环境标准　18
　　任务一　掌握环境影响评价工作常用的法规和标准　18
　　任务二　了解环境法规、标准与环境影响评价之间的相互
　　　　　　关系　21

项目二　环境影响评价程序和方法　24

模块一　环境影响评价程序　24
　　任务一　了解管理程序　24
　　任务二　掌握工作程序　28
模块二　环境影响评价工作方法　33
　　任务一　掌握识别方法　33
　　任务二　掌握预测方法　37
　　任务三　掌握评价方法　40

项目三　工程分析　46

模块一　工程分析概述　46
　　任务一　了解工程分析的作用和重点工作　46
　　任务二　掌握工程分析常用方法　48
模块二　环境污染型建设项目工程分析　51
　　任务一　环境污染型建设项目工程分析概述　51
　　任务二　开展污染源源强核算工作　54
　　任务三　清洁生产项目中的应用分析　56
模块三　生态修复型建设项目工程分析　60

任务一　生态修复型建设项目工程概况分析⋯⋯⋯⋯⋯⋯⋯⋯⋯ 60
　　任务二　开展生态修复型建设项目工作内容⋯⋯⋯⋯⋯⋯⋯⋯⋯ 61
　　任务三　典型生态影响型建设项目工程分析⋯⋯⋯⋯⋯⋯⋯⋯⋯ 66

项目四　大气环境影响评价　　71

模块一　大气环境影响评价要素分析⋯⋯⋯⋯⋯⋯⋯⋯⋯⋯⋯⋯⋯ 71
　　任务一　了解大气污染评价要素⋯⋯⋯⋯⋯⋯⋯⋯⋯⋯⋯⋯⋯⋯ 71
　　任务二　典型大气污染源产生污染物的种类与机制⋯⋯⋯⋯⋯⋯ 74
模块二　大气污染评价工程分析估算⋯⋯⋯⋯⋯⋯⋯⋯⋯⋯⋯⋯⋯ 77
　　任务一　掌握大气污染物产生量和排放量估算⋯⋯⋯⋯⋯⋯⋯⋯ 77
　　任务二　掌握大气扩散模型⋯⋯⋯⋯⋯⋯⋯⋯⋯⋯⋯⋯⋯⋯⋯⋯ 80
　　任务三　掌握大气环境容量与总量控制⋯⋯⋯⋯⋯⋯⋯⋯⋯⋯⋯ 83
模块三　大气环境影响评价工作基础⋯⋯⋯⋯⋯⋯⋯⋯⋯⋯⋯⋯⋯ 87
　　任务一　环境影响识别与评价因子筛选⋯⋯⋯⋯⋯⋯⋯⋯⋯⋯⋯ 87
　　任务二　评价范围与评价等级确定⋯⋯⋯⋯⋯⋯⋯⋯⋯⋯⋯⋯⋯ 91
模块四　环境大气现状调查与评价⋯⋯⋯⋯⋯⋯⋯⋯⋯⋯⋯⋯⋯⋯ 93
　　任务一　了解大气质量评价保护目标及标准⋯⋯⋯⋯⋯⋯⋯⋯⋯ 93
　　任务二　开展大气污染源调查⋯⋯⋯⋯⋯⋯⋯⋯⋯⋯⋯⋯⋯⋯⋯ 96
　　任务三　环境大气质量现状调查与评价⋯⋯⋯⋯⋯⋯⋯⋯⋯⋯⋯ 98
模块五　大气环境影响预测与评价⋯⋯⋯⋯⋯⋯⋯⋯⋯⋯⋯⋯⋯⋯ 99
　　任务一　了解预测因子、范围与预测周期⋯⋯⋯⋯⋯⋯⋯⋯⋯⋯ 99
　　任务二　设计预测计划、模式与参数选择⋯⋯⋯⋯⋯⋯⋯⋯⋯⋯ 102
　　任务三　开展评价预测、总结评价结论与建议⋯⋯⋯⋯⋯⋯⋯⋯ 104

项目五　地表水环境影响评价　　106

模块一　地表水环境影响评价要素分析⋯⋯⋯⋯⋯⋯⋯⋯⋯⋯⋯⋯ 106
　　任务一　地表水污染评价要素⋯⋯⋯⋯⋯⋯⋯⋯⋯⋯⋯⋯⋯⋯⋯ 106
　　任务二　典型地表水污染源产生污染物种类与机制⋯⋯⋯⋯⋯⋯ 109
模块二　地表水污染评价工程分析估算⋯⋯⋯⋯⋯⋯⋯⋯⋯⋯⋯⋯ 111
　　任务一　地表水污染物产生量和排放量估算⋯⋯⋯⋯⋯⋯⋯⋯⋯ 111
　　任务二　掌握地表水扩散模型⋯⋯⋯⋯⋯⋯⋯⋯⋯⋯⋯⋯⋯⋯⋯ 114
　　任务三　掌握地表水环境容量与总量控制⋯⋯⋯⋯⋯⋯⋯⋯⋯⋯ 115
模块三　地表水环境影响评价工作基础⋯⋯⋯⋯⋯⋯⋯⋯⋯⋯⋯⋯ 118
　　任务一　环境影响识别与评价因子筛选⋯⋯⋯⋯⋯⋯⋯⋯⋯⋯⋯ 118
　　任务二　评价范围与评价等级确定⋯⋯⋯⋯⋯⋯⋯⋯⋯⋯⋯⋯⋯ 119
模块四　地表水现状调查与评价⋯⋯⋯⋯⋯⋯⋯⋯⋯⋯⋯⋯⋯⋯⋯ 123
　　任务一　地表水质量评价保护目标及标准⋯⋯⋯⋯⋯⋯⋯⋯⋯⋯ 123
　　任务二　开展地表水污染源调查⋯⋯⋯⋯⋯⋯⋯⋯⋯⋯⋯⋯⋯⋯ 125
　　任务三　地表水环境质量现状调查与评价⋯⋯⋯⋯⋯⋯⋯⋯⋯⋯ 127

模块五　地表水环境影响预测与评价 ·············· 130
　　　　任务一　了解地表水预测因子、范围与预测周期 ·············· 130
　　　　任务二　设计影响预测计划、模型与参数选择 ·············· 132
　　　　任务三　开展评价预测、总结评价结论与建议 ·············· 135

项目六　固体废物环境影响评价　142

　　模块一　固体废物环境影响评价概述 ·············· 142
　　　　任务一　了解固体废物环境影响评价对象及特点 ·············· 142
　　　　任务二　掌握固体废物环境影响评价标准及内容 ·············· 145
　　模块二　固体废物处置影响评价 ·············· 147
　　　　任务一　掌握生活垃圾（填埋场）处置影响评价 ·············· 147
　　　　任务二　掌握危险废物处置工程影响评价 ·············· 152
　　模块三　固体废物污染控制与管理 ·············· 155
　　　　任务一　了解固体废物污染控制管理原则与制度 ·············· 155
　　　　任务二　开展评价预测、总结评价结论与建议 ·············· 158

项目七　其他类型环境影响评价　161

　　模块一　声环境影响评价 ·············· 161
　　　　任务一　了解声环境影响评价因子及评价量计算 ·············· 161
　　　　任务二　掌握声环境影响评价等级与要求 ·············· 166
　　　　任务三　开展声环境影响评价预测 ·············· 169
　　　　任务四　给出评价结论、防治措施及建议 ·············· 171
　　模块二　生态影响评价 ·············· 173
　　　　任务一　了解生态影响评价因子及评价量计算 ·············· 173
　　　　任务二　掌握生态影响评价等级与要求 ·············· 176
　　　　任务三　开展生态影响评价预测 ·············· 178
　　　　任务四　掌握生态影响的防护与修复措施 ·············· 186
　　模块三　环境风险评价 ·············· 190
　　　　任务一　了解环境风险评价、标准与内容 ·············· 190
　　　　任务二　掌握风险评价程序与方法 ·············· 196
　　　　任务三　掌握环境风险管理方法，给予评价结论 ·············· 201
　　模块四　规划环境影响评价 ·············· 205
　　　　任务一　规划环境影响评价概述 ·············· 205
　　　　任务二　规划环境影响评价工作评价范围及分析 ·············· 209
　　　　任务三　规划环境影响评价因子识别与指标确定 ·············· 212
　　　　任务四　规划方案优化调整及合理化建议 ·············· 214
　　　　任务五　环境影响跟踪评价与公众参与 ·············· 217

参考文献　219

二维码一览表

序号	文件名	页码
1	环境价值的核算	7
2	联合国人类环境会议	12
3	美国战略环境影响评价制度	15
4	环境影响评价工程师与环保工程师的区别	17
5	国际环境保护与国家主权原则之间的关系	21
6	排放标准和质量标准的区别	23
7	环境影响登记表	27
8	办理建设项目环境影响评价文件审批申请书范本	33
9	案例：对某化肥厂建设进行环境影响识别	37
10	生态环境影响预测	39
11	图形叠置法与伊恩·伦诺克斯·麦克哈格	45
12	欧盟拟严格立法治理空气和水污染	48
13	全面实行排污许可制有何意义？	51
14	推进全面实行排污许可制，进展如何？	53
15	未来将如何继续推进全面实行排污许可制？	56
16	清洁生产促进经济社会绿色转型	59
17	迈雅河湿地公园生态修复成效显	61
18	"山水工程"完成生态保护修复面积超过500万公顷	66
19	中国的生物多样性保护	68
20	碳达峰　碳中和	74
21	《2030年前碳达峰行动方案》"碳达峰十大行动"	76
22	环境空气敏感区	80
23	大气污染物排放总量控制和排污许可制度包括哪些内容？	82
24	环境容量的应用	87
25	环境地理信息系统	91
26	环境空气质量功能区	93
27	2022年全国环境空气状况	96
28	大气环境影响评价技术导则	97
29	2023年3月和1~3月全国环境空气质量状况	99
30	什么是大气环境影响预测？	102
31	我国已成为全球大气质量改善速度最快的国家	103
32	大气污染综合防治措施	105
33	5部门联合印发规划 推动重点流域水生态环境保护	109

续表

序号	文件名	页码
34	水环境保护措施	111
35	水环境保护重点区域	113
36	聚焦水生态环境保护	115
37	依法守护清水绿岸	117
38	十年护海:提升群众临海亲海获得感幸福感	119
39	"把脉"黄河(节选)	122
40	全国地表水环境质量持续改善	125
41	生态环境部执法局相关负责人就《入河(海)排污口三级排查技术指南》等5项标准答记者问(节选)	127
42	我国水文环境地质调查取得重大进展	130
43	生态环境部印发《规划环境影响评价技术导则 流域综合规划》	132
44	加快重大项目环评审批"三本台账"效果明显	134
45	水环境保护	140
46	国外如何进行垃圾分类	144
47	危险化学品	147
48	卫生填埋	151
49	危险废物的转移和贮存	155
50	黄河流域"清废行动"	158
51	我国防治"白色污染"措施	160
52	声压、声功率与声强的联系与区别	166
53	噪声等级与标准	168
54	各种噪声的形成	171
55	噪声对人体健康的危害	172
56	生态影响评价因子筛选表	175
57	生态影响评价图件规范与要求	177
58	生态影响评价自查表	186
59	常见生态环境保护设计方案	190
60	环境风险评价简单分析基本内容	195
61	一些评价程序中用到的附表举例	201
62	大气风险预测模型主要参数表	204
63	环境风险评价自查表	204
64	规划环境影响报告书包括的主要内容	209
65	资源、生态、环境现状调查内容	212
66	区域规划内环境目标和评价指标表述示范	214
67	环境影响减缓对策和措施中环境管控要求和生态环境准入清单包含的内容	217
68	环境影响评价中公众参与工作程序	218

项目一
环境影响评价概述

模块一　走进环境影响评价

任务一　掌握环境影响评价基本概念

　知识目标　掌握环境影响及其评价中的基本概念。

　能力目标　能利用各概念间的关系解决某些实际问题。

　素质目标　培养学生热爱自然、热爱祖国的情感。

一、环境的相关概念

1. 环境

（1）定义　**环境**是指与某一中心事物有关的周围事物。环境总是针对某一特定主体或中心而言的，离开了这个主体或中心也就无所谓环境，因此环境只具有相对的意义。

在环境科学中，人类是主体，环境是指围绕着人群的空间以及其中可以直接或间接影响人类生活和发展的各种因素的总体。

通常所称的环境就是指人类的环境。人类环境分为自然环境和社会环境。

自然环境亦称地理环境，是指环绕于人类周围的自然界，包括大气、水、土壤、生物和各种矿物资源等。自然环境是人类赖以生存和发展的物质基础。

在自然地理学上，通常根据构成自然环境总体的因素划分为大气圈、水圈、生物圈、土圈和岩石圈五个自然圈。

社会环境是指人类在自然环境的基础上，为不断提高物质和精神生活水平，通过长期有计划、有目标的发展，逐步创造和建立起来的人工环境，如城市、农村、工矿区等。社会环境的发展和演替，受自然规律、经济规律以及社会规律的支配和制约，其质量是人类物质文明建设和精神文明建设的标志之一。

《中华人民共和国环境保护法》指出："本法所称环境，是指影响人类生存和发展的各种天然的和经过人工改造的自然因素的总体，包括大气、水、海洋、土地、矿藏、森林、草原、湿地、野生生物、自然遗迹、人文遗迹、自然保护区、风景名胜区、城市和乡村等。"这是从实际工作需要出发，对环境一词的法律适用对象或适用范围所作的规定，其目的是保证法律工作的准确实施。

(2) 环境特征　与环境影响评价密切相关的环境特征可归纳为以下三点。

① 环境的整体性与区域性

a. 整体性　环境的整体性指的是环境的各个组成部分和要素之间构成了一个完整的系统，又称为系统性。即在一定的空间内，各环境要素（气、水、土、生物等）或环境各组成部分之间有其相互确定的数量、空间位置排布及特定的相互作用关系。通过物质转化和能量流动以及相互关联的变化规律，在不同的时刻，系统会呈现不同的状态。整体性是环境的最基本特性。

b. 区域性　环境的区域性是指环境特性的区域差异，是由区域分异规律所引起的。具体来说就是环境因地理位置的不同或空时范围的差异会有不同的特性。例如海滨环境与内陆环境，局地环境与区域环境等，都会明显表现出环境特性的差异。

② 环境的变动性与稳定性

a. 变动性　环境的变动性是指在自然的、人类社会行为的或两者共同的作用下，环境的内部结构和外在状态始终处于不断变化之中。人类社会的发展史就是人类与自然界不断相互作用的历史，也是环境的结构与状态不断变化的历史。

b. 稳定性　环境的稳定性是指环境系统具有一定自动调节功能的特征，即在人类活动作用下，若环境结构所发生的变化不超过一定的限度，环境可以借助于自身的调节功能使其恢复到原来的状态。

环境的变动性与稳定性是相辅相成的，变动性是绝对的，稳定性是相对的。环境的这一特性表明人类活动会影响环境的变化，因此人类必须自觉地调控自己的活动方式和强度，不要超过环境自身调节功能的范围，以求得人类与自然环境协调相处。

③ 环境的资源性与价值性

a. 资源性　环境为人类生存和发展提供了必需的物质和能量，是人类创造文明与财富的源泉。环境系统是环境资源的总和。环境资源包括物质性资源和非物质性资源。

物质性资源指生物、矿产、淡水、海洋、土地、森林等狭义的资源范畴。非物质性资源是指环境所处的状态。不同的环境状态会为人类社会的生存发展提供不同的条件及不可替代的全方位生态服务功能。

b. 价值性　环境价值是反映人们对环境质量（或素质）的期望程度、效用要求、重视或重要程度的观念。环境质量指环境系统内部结构和外部状态对人类及生物界生存和繁衍的适宜性。以这种观点来看，环境对于人类以及人类社会发展极为重要，环境无疑具有不可估量的价值。

2. 环境要素

（1）定义　环境要素也称作环境基质，是构成人类环境的各个独立、性质不同而又服从整体演化规律的基本物质组分。

（2）分类　一般把环境要素分为自然环境要素和社会环境要素两大类。通常指的环境要素是自然环境要素。

自然环境要素通常是指水、大气、生物、阳光、岩石、土壤等。有的学者认为不包括阳光。

人工环境要素是指由于人类活动而形成的环境要素，包括由人工形成的物质能量和精神产品以及人类活动过程中所形成的人与人的关系，后者也称为社会环境。这种人为加工形成的生活环境，包括住宅的设计和配套、公共服务设施、交通、通信、供水、供气、绿化面积等。

环境要素组成环境的结构单元，环境的结构单元又组成环境整体或环境系统。如水组成水体，全部水体总称为水圈；大气组成大气层，全部大气层总称为大气圈；由土壤构成农田、草地和土地等，由岩石构成岩体、全部岩石和土壤构成的固体壳层称为岩石圈；由生物体组成生物群落，全部生物群落称为生物圈。阳光提供辐射能为其他要素所吸收。

各个环境要素之间可以相互利用，并因此而发生演变，其动力主要是依靠来自地球内部放射性元素蜕变所产生的内生能以及以太阳辐射能为主的外来能。

（3）环境要素的特点

① 最小限制律　整个环境的质量受环境诸要素中那个与最优状态差距最大的要素所制约，即环境诸要素中处于最劣状态的那个环境要素控制环境质量的高低，而不是由环境诸要素的平均状态决定，也不能采用处于优良状态的环境要素去代替和弥补。所以，在改善整个环境质量时，首先应改造最劣的要素。

② 等值性　等值性说明了环境要素对环境质量的作用。各个环境要素无论在规模上或数量上存在什么差异，只要它们是处于最劣状态，那么对于环境质量的限制作用就没有本质的区别，即具有等值性。等值性与最小限制律有着密切的联系，前者主要对各个要素的作用进行比较，而后者强调制约环境质量的主导要素。

③ 环境整体性　环境诸要素之间产生的整体环境效应不是组成该环境各个要素性质的简单叠加，而是在个体效应基础上有着质的变化。也就是说，环境整体性质能够体现环境诸要素的某些特征，但未必能反映出各要素的全部特点，而是各要素综合作用后更为复杂的性质。

环境诸要素之间相互依存、相互联系。环境某些要素孕育着其他要素，如岩石圈、大气圈、水圈和生物圈随地球环境的发展依次形成。每一新要素的产生，都会给环境整体带来非常大的影响。这些环境要素相互联系的特点是通过能量在各个要素之间的传递、形态转换以及物质在各个要素之间的流通实现的。

3. 环境质量与环境质量评价

（1）环境质量　环境质量一般是指一处具体环境的总体或某些要素对于人群的生存和繁衍以及社会发展的适宜程度。环境质量通常要通过选择一定的指标（环境指标）并对其量化来表达。自然灾害、资源利用、废物排放以及人群的规模和文化状态都会改变或影响一个区域的环境质量。

（2）环境质量评价

① 定义　环境质量评价是对某一指定区域的环境要素和环境整体的优劣程度进行定性和定量的描述和评定。

② 分类

a. 按地域范围可分为局地的、区域的（如城市的）、海洋的和全球的环境质量评价。

b. 按环境要素可分为大气质量评价、水质评价、土壤质量评价等。

就某一环境要素的质量进行评价，称为单要素评价；就诸要素综合进行评价，称为综合质量评价。

c. 按时间因素可分为环境回顾评价、环境现状评价和环境预测评价。

回顾评价可以分析当地环境的演变过程和变化规律，找出对环境产生影响的因素；现状评价可以了解环境质量的现实状况，评定污染源的分布和污染范围；预测评价可以了解环境状况的发展趋势，环境容量的情况，为制定发展规划提供依据。环境影响评价是使用预测评价的方法，但研究范围较小。

d. 按参数选择，有卫生学参数、生态学参数、地球化学参数、污染物参数、经济学参数、美学参数、热力学参数等质量评价。

③ 环境质量评价的内容　环境质量变异过程是各种环境因子综合作用的结果，包括如下三个阶段：

a. 人类活动导致环境条件的变化，如污染物进入大气、水体、土壤，使其中的物质组分发生变化；

b. 环境条件发生一系列链式变化，如污染物在各介质中迁移、转化，变成直接危害生命有机体的物质；

c. 环境条件变化产生综合性的不良影响，如污染物作用于人体或其他生物，产生急性或慢性的危害。

因此，环境质量评价是以环境物质的地球化学循环和环境变化的生态学效应为理论基础的。比较全面的城市区域环境质量评价，应包括对污染源、环境质量和环境效应三部分的评价，并在此基础上作出环境质量综合评价，提出环境污染综合防治方案，为环境污染治理、环境规划制定和环境管理提供参考。

任何评价都必须依据当地的历史环境监测数据，气候气象数据，地质微量元素数据，水文、水质量数据等。由于任何城镇规划都应以人的生活舒适程度为主要原则，所以都离不开当地环境质量评价。

4. 环境容量

（1）定义　环境容量是指在确保人类生存发展不受危害、自然生态平衡不受破坏的前提下，某一环境所能容纳污染物的最大负荷值。

（2）概述　一个特定的环境（如一个自然区域、一个城市、一个水体）对污染物的容量是有限的，其容量的大小与环境空间的大小、各环境要素的特性、污染物本身的物理和化学性质有关。环境空间越大，环境对污染物的净化能力就越大，环境容量也就越大。对某种污染物而言，它的物理和化学性质越不稳定，环境对它的容量也就越大。

环境容量一般可以分为三个层次：①生态的环境容量：生态环境在保持自身平衡下允许调节的范围；②心理的环境容量：合理的、使人感觉舒适的环境容量；③安全的环境容量：极限的环境容量。

（3）应用　环境容量主要应用于环境质量控制，并作为工农业规划的一种依据。环境容量越大，可接纳的污染物就越多，反之则越少。污染物的排放，必须与环境容量相适应。如果超出环境容量就要采取措施，如降低排放浓度、减少排放量或者增加环境保护设施等。

二、环境影响

1. 环境影响的概念

环境影响，是指人类活动（经济活动、政治活动和社会活动）导致的环境变化，以及由此引起的对人类社会和经济的效应。

环境影响的概念包括人类活动对环境的作用和环境对人类的反作用两个层次，既强调人类活动对环境的作用，又强调这种变化对人类的反作用。研究人类活动对环境的作用是认识和评价环境对人类的反作用的手段、基础和前提条件，而认识和评价环境对人类的反作用是为了制定出缓和不利影响的对策措施，改善生活环境，维护人类健康，保证和促进人类社会的可持续发展。

2. 环境影响的分类

（1）按影响的来源，可分为直接影响、间接影响和累积影响。

直接影响与人类的活动同时同地；间接影响在时间上推迟、在空间上较远，但在可合理预见的范围内；累积影响是指一项活动的过去、现在及可以预见的将来的影响具有累积效应，或多项活动对同地区可能叠加的影响。

（2）按影响的效果，可分为有利影响和不利影响。

有利影响是指对人群健康、社会经济发展或其他环境的状况有积极促进作用的影响；不利影响是指对人群健康、社会经济发展或其他环境的状况有消极阻碍或破坏作用的影响。需注意的是，不利与有利是相对的，并且可以相互转化，而且不同的个人、团体、组织等由于价值观念、利益需要的不同，对同一环境变化的评价会不尽相同，导致同一环境变化可能产生不同的环境影响。因此，关于环境影响的有利和不利的确定，要综合考虑多方面的因素，这是环境影响评价工作中经常需要认真考虑、调研和权衡的问题。

（3）按影响的程度，可分为可恢复影响和不可恢复影响。

可恢复影响是指人类活动造成环境某特性改变或价值丧失后可逐渐恢复到以前面貌的影响。如油轮发生泄油事件后可造成大面积海域污染，但在人为努力和环境自净作用下，经过一段时间以后又恢复到污染以前的状态，这是可恢复影响。不可恢复影响是指造成环境的某特性改变或价值丧失后不能恢复的影响。一般认为，在环境承载力范围内对环境造成的影响是可恢复的；超出了环境承载力范围，则为不可恢复影响。

(4) 按影响方式可分为污染影响和非污染影响。

污染影响是指人类活动以不同形式排入环境的污染物，对环境产生物理性或化学性的污染。非污染影响是指人类活动对环境的影响不以污染为主，而是以改变土地利用方式、生态结构、土壤性状等为主的环境影响。

另外，环境影响还可以按时间效应分为长期影响和短期影响，按空间效应分为地方、区域影响或国家、全球影响。

三、环境影响评价

1. 环境影响评价的概念

环境影响评价是一项技术与经济的综合性评估工作，广义上是指对拟议中的人为活动（包括建设项目、资源开发、区域开发、政策、立法、法规等）可能造成的环境影响，包括环境污染和生态破坏，也包括对环境的有利影响进行分析、论证的全过程，并在此基础上提出防治措施和对策。狭义上是指对拟议中的建设项目在兴建前即可行性研究阶段，对其选址、设计、施工等过程，特别是运营和生产阶段可能带来的环境影响进行预测和分析，提出相应的防治措施，为项目选址、设计及建成投产后的环境管理提供科学依据。

《中华人民共和国环境影响评价法》指出："本法所称环境影响评价，是指对规划和建设项目实施后可能造成的环境影响进行分析、预测和评估，提出预防或者减轻不良环境影响的对策和措施，进行跟踪监测的方法与制度。"

2. 环境影响评价的分类

（1）按照评价对象，环境影响评价可以分为规划环境影响评价和建设项目环境影响评价。

（2）按照环境要素，环境影响评价可以分为大气环境影响评价、地表水环境影响评价、声环境影响评价、生态环境影响评价及固体废物环境影响评价。

（3）按照时间顺序，环境影响评价一般分为环境质量现状评价、环境影响预测评价及环境影响后评价。

3. 环境影响评价的基本内容

环境影响评价的基本内容包括：建设方案的具体内容，建设地点的环境本底状况，项目建成实施后可能对环境产生的影响和损害，防止这些影响和损害的对策措施及其经济技术论证。与其他环境保护机制不同，环境影响评价更强调预防为主，是预测开发活动可能带来环境影响的一个系统的过程。该过程包括一系列的步骤，这些步骤按顺序进行。理想的环境影响评价过程应该满足以下条件：

（1）适用于所有可能对环境造成显著影响的项目，并对影响做出识别和评估；

（2）对各种替代方案（包括项目不建设或地区不开发的情况）、管理技术、减缓措施进行比较；

（3）生成清楚的环境影响报告书（EIS），以使专家和非专家都能了解可能影响的特征及其重要性；

（4）进行广泛的公众参与和严格的行政审查程序；

（5）结论及时、清晰，能为决策提供信息。

 互动交流

环境质量对人体健康非常重要，经济发展过快有时会影响到环境质量，你认为应该如何兼顾经济发展和环境保护呢？

 相关链接

环境价值的核算

环境价值的核算

 复习与思考

1. 环境影响评价中有哪些重要的基本概念？
2. 简述环境质量评价的内容。
3. 简述环境影响评价的基本内容。

● 任务二　环境影响评价制度发展历程

 知识目标　了解世界环境影响评价制度的发展历程；了解我国环境影响评价制度的发展历程。

 能力目标　能总结归纳我国环境影响评价制度各个发展阶段的特点。

 素质目标　培养学生的爱国主义精神。

一、世界环境影响评价的产生与发展

随着社会发展和科技水平的提高，人类认识世界、改造世界的能力越来越强，20世纪中叶，科学、工业、交通迅猛发展，工业和城市人口过分集中，环境污染由局部扩大到区域，大气、水体、土壤、食品都出现了污染，公害事件不断发生。森林过度采伐、草原垦荒、湿地破坏，又带来一系列生态环境恶化问题。

20世纪50年代初期，由于核设施环境影响的特殊性，开始系统地进行了辐射环境影响评价。20世纪60年代英国提出环境影响评价"三关键"，即关键因素、关键途径、关键居民区，明确提出了污染源—污染途径（扩散迁移方式）—受影响人群的环境影响评价模式。

1969年，美国国会通过了《国家环境政策法》，1970年1月1日起正式实施。美

国从而成为世界上第一个把环境影响评价用法律固定下来并建立环境影响评价制度的国家。随后瑞典（1970年）、新西兰（1973年）、加拿大（1973年）、澳大利亚（1974年）、马来西亚（1974年）、德国（1976年）等国家也相继建立了环境影响评价制度。

1970年世界银行设立环境与健康事务办公室，对其每一个投资项目的环境影响作出审查和评价。

1974年联合国环境规划署与加拿大联合召开了第一次环境影响评价会议。

1984年5月联合国环境规划理事会第12届会议建议组织各国环境影响评价专家进行环境影响评价研究，为各国开展环境影响评价提供了方法和理论基础。

1992年联合国环境与发展大会在里约热内卢召开，会议通过的《里约环境与发展宣言》和《21世纪议程》中都写入了有关环境影响评价的内容。

1994年由加拿大环境影响评价办公室和国际影响评价学会在魁北克市联合召开了第一届国际环境评价部长级会议，有25个国家和6个国际组织机构参加了会议，会议作出了进行环境评价有效性研究的决议。

经过30多年的发展，现已有100多个国家建立了环境影响评价制度。

二、我国环境影响评价制度的发展历程

我国环境影响评价制度的建立和发展是通过吸收国外的经验并结合我国的国情逐步完善发展的。

1. 引入和确定阶段：1973～1979年

1973年8月5日至20日，第一次全国环境保护会议在北京召开，揭开了中国环境保护事业的序幕。会议审议通过了"全面规划，合理布局，综合利用，化害为利，依靠群众，大家动手，保护环境，造福人民"的环境保护工作32字方针和中国第一个全国性环境保护文件——《关于保护和改善环境的若干规定（试行草案）》。《关于保护和改善环境的若干规定（试行草案）》中提出"做好全面规划，自然资源的开发利用，要考虑到环境影响，经济发展与环境保护要统筹兼顾，全面安排"，第一次引入环境影响的概念。

1978年12月31日，中共中央以中发（1978）79号文件转发了国务院环境保护领导小组《环境保护工作汇报要点》，首次提出对建设项目要进行环境影响评价。

1979年4月北京师范大学等单位在某铜矿开展了我国第一个建设项目的环境质量评价工作。

1979年5月中华人民共和国国家计划委员会、国家基本建设委员会联合下发《关于做好基本建设前期工作的通知》，明确要求建设项目要进行环境影响评价。

1979年9月，《中华人民共和国环境保护法（试行）》颁布实施，环境影响评价第一次在法律层面被确认。

2. 规范和建设阶段：1981～1989年

1981年5月，国家计划委员会、国家经济委员会、国家基本建设委员会、国务院环境保护领导小组联合颁布《基本建设项目环境保护管理办法》，将环境影响评价

纳入基本建设管理程序,并规定了环境影响报告书的具体要求和编制内容。我国环境管理由"组织'三废'治理"向"以防为主"转变。

1982年2月5日,国务院发布《征收排污费暂行办法》的通知,规定在全国范围内实行征收排污费的制度,并对征收排污费的标准、资金来源以及排污费的使用等作了具体的规定。这是国家运用经济杠杆,促进环境管理和治理的重要手段。环境管理已得到党和国家的重视,并已初步建立了必要的环境法规和制度。

1982年5月国家设立"中华人民共和国城乡建设环境保护部",部内设环境保护局。

1982年8月23日第五届全国人民代表大会常务委员会第二十四次会议通过《中华人民共和国海洋环境保护法》,该法对海岸工程需要进行环境影响评价做了明确规定。

1984年5月11日第六届全国人民代表大会常务委员会第五次会议通过《中华人民共和国水污染防治法》,该法对排放水污染物的环境影响报告书相关内容做了明确要求。

1984年12月,环境保护局从城乡建设环境保护部分离出来,建立了直属国务院的"国家环境保护局"。

1986年3月,国务院环境保护委员会、国家计划委员会、国家经济委员会联合颁布《建设项目环境保护管理办法》,建设项目环境影响评价制度和"三同时"制度正式确立,环境影响评价制度步入规范化、制度化阶段。

1987年9月5日第六届全国人民代表大会常务委员会第二十二次会议通过《中华人民共和国大气污染防治法》,明确规定,所有建设项目向大气排放污染物的,必须提交环境影响报告书,经审查批准后才能立项施工。

1989年9月颁布了《建设项目环境影响评价证书管理办法》,从法规上确定了评价证书的等级和范围,要求从事环境影响评价工作的单位取得评价证书,初步建立了环境影响评价制度的实施和管理体系。

1989年12月26日第七届全国人民代表大会常务委员会第十一次会议通过《中华人民共和国环境保护法》,环境影响评价的法律基础进一步坚实。

3. 拓展、强化和完善阶段: 20世纪90年代～2011年

1990年6月国家环境保护局颁布了《建设项目环境保护管理程序》,规定了建设项目五个阶段的环境管理及程序。

1994年12月,国家环境保护局第14号令发布实施《建设项目环境保护设施竣工验收管理规定》,对国务院环境保护行政主管部门负责审批环境影响报告书(表)的建设项目环境保护设施的竣工验收提出具体规定。

1993～1997年国家环境保护局陆续发布了《环境影响评价技术导则 总纲》《环境影响评价技术导则 地面水环境》《环境影响评价技术导则 大气环境》《环境影响评价技术导则 声环境》《环境影响评价技术导则 非污染生态影响》。

在1998年11月,国务院第10次常务会议通过了《建设项目环境保护管理条例》,并予发布实施,该条例对环境影响评价的分类、适用范围、程序、环境影响报告书的内容以及相应的法律责任等都做了明确规定。至此,我国环境影响评价开始步

入了稳步发展的阶段。

2001年2月，国家环境保护总局发布《建设项目环境保护分类管理名录》（第一批）。

2001年12月11日国家环境保护总局第12次局务会议通过《建设项目竣工环境保护验收管理办法》。

2002年1月国家计划委员会和国家环境保护总局联合发文《关于规范环境影响咨询收费有关问题的通知》，规范了环评行业编制费用。

2002年10月，第九届全国人民代表大会常务委员会第三十次会议通过《中华人民共和国环境影响评价法》。

2002年11月，国家环境保护总局发布《建设项目环境影响评价文件分级审批规定》。

2003年9月，《中华人民共和国环境影响评价法》正式实施，提高了环评的社会地位和知名度，也提供了环评的执行率。

2004年2月，国家环境保护总局会同人事部发布《环境影响评价工程师执业资格制度暂行规定》《环境影响评价工程师职业资格考试实施办法》。

2005年5月，1万多名考生参加了我国首次环境影响评价工程师职业资格全国统一考试。

2005年8月国家环境保护总局颁布了《建设项目环境影响评价资质管理办法》，对环评行业影响深远的环评工程师制度及环评资质制度开始实施。

2006年2月国家环境保护总局印发《环境影响评价公众参与暂行办法》，首次对环境影响评价公众参与作出了全面系统规定。

2006年5月国家环境保护总局在广州召开全国环境影响评价管理工作会议。

2008年3月，第十一届全国人民代表大会第一次会议批准了《国务院机构改革方案》，组建环境保护部，不再保留国家环境保护总局。

2008年12月环境保护部发布修订后的《环境影响评价技术导则 大气环境》。

2009年8月国务院第76次常务会议通过《规划环境影响评价条例》。

2011年2月环境保护部发布《环境影响评价技术导则 地下水环境》。

2011年4月环境保护部发布修订后的《环境影响评价技术导则 生态影响》。

2011年10月17日，国务院以国发〔2011〕35号印发《关于加强环境保护重点工作的意见》，对严格执行环境影响评价制度提出具体要求。

4. 环评制度的改革、转型期：2012～2016年

2014年4月十二届全国人民代表大会常务委员会第八次会议表决通过了《中华人民共和国环境保护法（修订草案）》，新修订的环境保护法于2015年1月1日施行。

2015年2月9日环境保护部被中央巡视组指出，环评技术服务市场"红顶中介"现象突出。

2015年2月国家发展和改革委员会发布《关于进一步放开建设项目专业服务价格的通知》，取消咨询服务收费指导价格，环评业务收费价格开始由市场调节。

2015年3月环境保护部公布了《全国环保系统环评机构脱钩工作方案》，将全国环保系统环评机构分三批，在2016年年底前全部脱钩或退出建设项目环评技术服务

市场。

2015年3月《建设项目环境影响评价分类管理名录》由环境保护部部务会议修订通过，于2015年6月1日起施行。

2015年4月《建设项目环境影响评价资质管理办法》由环境保护部部务会议修订通过，于2015年11月1日起施行。

2015年12月环境保护部第37号令发布实施《建设项目环境影响后评价管理办法（试行）》，于2016年1月1日起施行。

2016年7月环境保护部印发《"十三五"环境影响评价改革实施方案》。

2016年11月《建设项目环境影响登记表备案管理办法》由环境保护部部务会议审议通过，于2017年1月1日起施行。

2016年12月《建设项目环境影响评价分类管理名录》由环境保护部部务会议审议通过，于2017年9月1日起施行。

5. 环评制度的新时期：2017年至今

2017年6月21日国务院第177次常务会议通过《国务院关于修改〈建设项目环境保护管理条例〉的决定》并于2017年10月1日实施。修订后的管理条例删除了对环评单位的资质管理规定。

2017年7月环境保护部发布《固定污染源排污许可分类管理名录（2017年版）》。

2017年11月环境保护部发布《建设项目竣工环境保护验收暂行办法》，规范建设单位自主开展验收的程序、内容、标准及信息公开等要求。

2017年11月环境保护部发布《关于做好环境影响评价制度与排污许可制衔接相关工作的通知》。

2018年1月1日《中华人民共和国环境保护税法实施条例》开始实施，实现排污费制度向环保税制度的平稳转移。

2018年1月环境保护部印发《排污许可管理办法（试行）》，是我国为了落实《国务院办公厅关于印发控制污染物排放许可制实施方案的通知》而进行排污许可制度改革的重要基础性文件。

2018年2月环境保护部印发《关于强化建设项目环境影响评价事中事后监管的实施意见》，进一步明确事中事后监管内容、方法，加大对违法违规行为的惩戒力度。

2018年3月根据第十三届全国人民代表大会第一次会议批准的国务院机构改革方案，将环境保护部的职责整合，组建中华人民共和国生态环境部，不再保留环境保护部。

2018年4月生态环境部修订发布《建设项目环境影响评价分类管理名录》简化了环评文件类别，环境影响报告书类别项目由40%降低至38%。

2018年7月生态环境部发布《环境影响评价公众参与办法》，自2019年1月1日起施行。

2018年8月31日，十三届全国人大常委会第五次会议全票通过了《中华人民共和国土壤污染防治法》，自2019年1月1日起施行。

2018年12月29日，第十三届全国人民代表大会常务委员会第七次会议通过了《中华人民共和国环境影响评价法》，环评资质正式取消。

2019年1月生态环境部发布《关于取消建设项目环境影响评价资质行政许可事项后续相关工作要求的公告（暂行）》，环评编制不再需要环评资质，建设单位可自行编制环境影响报告书（表）。

2019年生态环境部陆续发布《建设项目环境影响报告书（表）编制监督管理办法》和《建设项目环境影响报告书（表）编制能力建设指南（试行）》等配套文件。

《建设项目环境影响评价分类管理名录（2021年版）》于2020年11月5日由生态环境部部务会议审议通过，自2021年1月1日起施行。

2020年11月12日生态环境部发布《关于进一步加强产业园区规划环境影响评价工作的意见》。

生态环境部办公厅2021年9月9日发布《规划环境影响评价技术导则 产业园区》（HJ 131—2021），该标准自2021年12月1日起实施。

2021年12月8日生态环境部发布标准《规划环境影响评价技术导则 流域综合规划》（HJ 1218—2021）。

生态环境部办公厅2022年4月2日印发《"十四五"环境影响评价与排污许可工作实施方案》。

2022年5月31日生态环境部发布《关于做好重大投资项目环评工作的通知》。

2022年10月10日自然资源部发布《人为水下噪声对海洋生物影响评价指南》等12项行业标准，自2023年1月1日起实施。

2022年12月02日生态环境部办公厅发布《关于印发钢铁/焦化、现代煤化工、石化、火电四个行业建设项目环境影响评价文件审批原则的通知》。

2023年1月1日正式实施《环境监管重点单位名录管理办法》。

2023年1月20日生态环境部办公厅、自然资源部办公厅发布《关于做好国土空间总体规划环境影响评价工作的通知》。

 互动交流

请你谈谈1972年第一次国际环保大会——联合国人类环境会议对于我国环境影响评价的发展有什么重要意义。

 相关链接

联合国人类环境会议

联合国人类环境会议

 复习与思考

1. 20世纪60年代英国提出环境影响评价"三关键"是指哪三个关键？
2. 我国环境影响评价的发展经历了哪几个阶段？

模块二　我国环境影响评价制度的特点

任务一　掌握我国环境影响评价制度特点

知识目标　掌握我国环境影响评价制度的主要特点。

能力目标　能对建设项目进行分类管理。

素质目标　培养学生的自主学习能力。

环境影响评价制度是我国生态环保领域基本制度之一，是实现经济建设、城乡建设和环境建设同步发展的主要法律手段。确定适用的生态环境标准是开展环境影响评价工作的重要基础。

我国环境影响评价制度的特点主要表现在以下几方面。

一、规定对建设项目及规划进行环境影响评价

现行法律法规中都规定建设项目必须执行环境影响评价制度，包括区域开发、流域开发，工业基地的发展计划，开发区建设等。《建设项目环境保护管理条例》对我国建设项目的环境影响评价制度进行了全面的规定。该条例第六条规定："国家实行建设项目环境影响评价制度。"

确定某一建设项目是否属于环境影响评价对象，主要是判断该建设项目是否"对环境有影响"。其判断的原则有两条：一是根据国务院环境保护行政主管部门制定并公布的管理名录或地方有关部门公布的名录，属于名录规定的建设项目，就必须执行环境影响评价制度。二是国家管理名录之外，对基本环境要素或特定环境保护区可能造成污染和破坏，不通过环境影响评价不能判明影响程度的建设项目，也应执行环境影响评价制度。

对环境有重大影响的建设项目应当编制环境影响报告书，对该建设项目产生的污染和对环境影响进行全面、详细的评价；建设项目对环境可能造成轻度影响的，应当编制环境影响报告表，对建设项目产生的污染和对环境的影响进行分析或者专项评价；建设项目对环境影响很小的，不需要进行环境影响评价，但要填报环境影响登记表。

二、具有法律强制性

我国的环境影响评价制度是《中华人民共和国环境保护法》明令规定的一项法律

制度，以法律形式约束人们必须遵照执行，具有不可违背的强制性。

三、纳入基本建设程序

多年来，建设项目的环境管理一直被纳入到基本建设程序管理中。对各种投资类型的项目都要求在可行性研究阶段或开工建设之前，完成其环境影响评价的报批。对环境影响报告书或环境影响报告表未经批准的建设项目，计划部门不办理设计任务书的审批手续，土地部门不办理征地手续，银行不予贷款。

四、分类管理、分级审批

1. 分类管理

国家根据建设项目对环境的影响程度，对建设项目的环境影响评价实行分类管理，具体内容可以参考《建设项目环境影响评价分类管理名录》。建设单位应当按照本名录的规定，分别组织编制环境影响报告书、环境影响报告表或者填报环境影响登记表。

2. 分级审批

（1）国务院环境保护行政主管部门负责审批下列建设项目环境影响报告书、环境影响报告表：①核设施、绝密工程等特殊性质的建设项目；②跨省、自治区、直辖市行政区域的建设项目；③国务院审批的或者国务院授权有关部门审批的建设项目。

（2）除（1）以外的建设项目环境影响报告书、环境影响报告表的审批权限，由省、自治区、直辖市人民政府规定。

（3）建设项目造成跨行政区域环境影响，有关环境保护行政主管部门对环境影响评价结论有争议的，其环境影响报告书或者环境影响报告表由共同上一级环境保护行政主管部门审批。

五、实行评价资格审核认定制

为了加强对建设项目环境影响评价工作的管理，提高环境影响评价的质量，我国建立了评价单位的资格审查制度，强调评价机构必须具有法人资格，具有与评价内容相适应的固定在编的各专业人员和测试手段，能够对评价结果负起法律责任。

从事建设项目环境影响评价工作的单位，必须取得国务院环境保护行政主管部门颁发的环境影响评价证书（以下简称评价证书），并按照规定的等级和范围，从事建设项目环境影响评价工作。评价证书分两个等级：甲级和乙级。持有甲级评价证书的单位，可承接全国范围内各种规模的基本建设项目和技术改造项目以及区域开发建设项目的环境影响评价工作；持有乙级评价证书的单位，可承接所在省、自治区、直辖市各级人民政府环境保护部门负责审批的基本建设项目、技术改造项目和省级人民政府确定的区域开发建设项目的环境影响评价工作。

评价机构必须在资质证书规定的评价范围之内开展工作，不允许承担超出评价范围的环境影响评价工作。

互动交流
你认为什么样的规划和项目应该进行环境影响评价呢?

 相关链接
美国战略环境影响评价制度

美国战略环境影响评价制度

 复习与思考
1. 我国环境影响评价制度有哪些特点?
2. 新时期应如何推进环境影响评价制度的完善与发展?

任务二 了解环境影响评价工程师职业资格制度

 知识目标 了解环境影响评价工程师职业资格制度。

 能力目标 能遵守相关法律法规,恪守职业道德。

 素质目标 培养学生自主学习能力及团体合作精神。

一、环境影响评价工程师职业资格制度概述

为维护国家环保安全和公众利益,加强环境影响评价管理,提高环境影响评价专业人员素质,确保环境影响评价质量,有关部门决定在环境影响评价行业建立环境影响评价工程师职业资格制度,人事部、国家环境保护总局于 2004 年 2 月颁发《环境影响评价工程师职业资格制度暂行规定》。

环境影响评价工程师,是指取得中华人民共和国环境影响评价工程师职业资格证书,并经登记后,从事环境影响评价工作的专业技术人员。

国家对从事环境影响评价工作的专业技术人员实行职业资格制度,纳入全国专业技术人员职业资格证书制度统一管理。

二、环境影响评价工程师职业资格考试

环境影响评价工程师职业资格实行全国统一大纲、统一命题、统一组织的考试制度。原则上每年举行 1 次。考试包括四个科目:环境影响评价相关法律法规、环境影响评价技术导则与标准、环境影响评价技术方法和环境影响评价案例分析。考试成绩

实行两年为一个周期的滚动管理办法。

环境影响评价工程师职业资格考试合格后，即可取得中华人民共和国环境影响评价工程师职业资格证书。

三、环境影响评价工程师职责

环境影响评价工程师在进行环境影响评价业务活动时，必须遵守国家法律、法规和行业管理的各项规定，坚持科学、客观、公正的原则，恪守职业道德。

环境影响评价工程师应在具有环境影响评价资质的单位中，以该单位的名义接受环境影响评价委托业务，同时应为委托人保守商务秘密。

环境影响评价工程师对其主持完成的环境影响评价相关工作的技术文件要承担相应责任。

此外，环境影响评价工程师应当不断更新知识，并按规定参加继续教育。

四、环境影响评价工程师工作内容

1. 环境影响评价

为建设项目进行环境影响评价并编写环境影响评价报告。

2. 环境影响后评价

环境影响后评价是一种补充性、验证性的环境影响评价活动。即选择与建设项目环境影响评价相似的条件和相同的方法、标准，对建设项目竣工、运行后的环境影响进行系统的调查和评价，从而查验原评价工作及结果的科学性、正确性。对于提高环境影响评价工作的质量具有重要作用。

3. 环境影响技术评估

环境影响技术评估，也称技术核查、技术审查、环评评估，是由环评技术评估机构接受委托组织专家和技术人员对环境影响报告书编制质量的一种审核形式。评估的依据来自国家及地方环境保护法律法规、部门规章以及标准、技术规范的规定及要求。评估机构综合分析建设项目实施后可能造成的环境影响，对建设项目和专项规划实施的环境可行性及环境影响评价文件进行技术评估并出具技术评估报告，属于非机构第三方审核，以确保报告书的编制质量及完整性具有较好的监督和审核作用。

4. 环境保护验收

建设项目竣工后，由建设单位履行环境保护主体责任，依法依规开展建设项目竣工环境保护验收（以下简称"自主验收"）工作，建设单位应做好以下几点：

（1）落实自主验收主体责任 《建设项目环境保护管理条例》第十七条规定：编制环境影响报告书、环境影响报告表的建设项目竣工后，建设单位应当按照国务院环境保护行政主管部门规定的标准和程序，对配套建设的环境保护设施进行验收，编制验收报告。

建设单位作为自主验收的责任主体，应按照生态环境部《建设项目竣工环境保护验收暂行办法》组织验收，确保建设项目需要配套建设的环境保护设施与主体工程同时投产或者使用，并对验收内容、结论和所公开信息的真实性、准确性和完整性负责，不得在验收过程中弄虚作假。环境影响登记表项目竣工后无需验收。

（2）如实编制验收监测（调查）报告　建设项目竣工后，建设单位应当如实查验、监测、记载建设项目环境保护设施的建设和调试情况，编制验收监测（调查）报告。其中，以排放污染物为主的建设项目，参照《建设项目竣工环境保护验收技术指南 污染影响类》编制验收监测报告；主要对生态造成影响的建设项目，按照《建设项目竣工环境保护验收技术规范 生态影响类》编制验收调查报告；火力发电、石油炼制、水利水电等已发布行业验收技术规范的建设项目，按照该行业验收技术规范编制验收监测报告或者验收调查报告。

不具备编制验收监测（调查）报告能力的，可以委托业务能力强、责任心强、信誉好、服务水平高的第三方服务机构编制。建设单位要全程参与并监督受委托的第三方环保服务机构依法依规开展验收。

（3）避免验收违规造成违法风险　因未按照国家和地方有关标准、规范和指南等查验、记载建设项目环境保护设施的建设和调试情况、编制验收报告，致使自主验收弄虚作假行为成立的，生态环境主管部门将依据《建设项目环境保护管理条例》第二十三条，依法对建设单位进行处罚。

（4）明确不得通过验收情形　如未按环境影响报告书（表）及其审批部门审批决定要求建成环境保护设施，或者环境保护设施不能与主体工程同时投产或者使用的；污染物排放不符合国家和地方相关标准、环境影响报告书（表）及其审批部门审批决定或者重点污染物排放总量控制指标要求的；建设过程中造成重大环境污染未治理完成，或者造成重大生态破坏未恢复的；验收报告的基础资料数据明显不实，内容存在重大缺项、遗漏，或者验收结论不明确、不合理等情况。

 互动交流

你以后想报考环境影响评价工程师吗？你知道报考的相关要求吗？

 相关链接

环境影响评价工程师与环保工程师的区别

环境影响评价工程师与环保工程师的区别

 复习与思考

1. 何谓环境影响评价工程师？其职责是什么？
2. 简述环境影响评价工程师的工作内容。

模块三　环境法规与环境标准

任务一　掌握环境影响评价工作常用的法规和标准

 知识目标　熟悉我国环境保护法律法规体系的构成。

 能力目标　能在今后的环境影响评价工作中正确运用法规和标准。

 素质目标　培养学生遵纪守法的良好习惯。

一、环境法规

环境法是指由国家制定或认可的,并由国家强制保证执行的关于保护环境和自然资源、防治污染和其他公害的法律规范的总称。其目的是保护和改善人类生存环境和自然环境,防治污染和其他公害,协调人类和环境的关系。其作用是通过调整人们在生产、生活和其他活动中所产生的同保护和改善环境有关的各种社会关系,协调社会经济发展与环境保护的关系,把人类活动对环境的污染和危害限制在最低限度内,维护生态环境,实现人类社会与环境协调发展。

1. 环境法规的构成

我国建立了以法律、环境保护行政法规、政府部门规章、地方性法规和地方性规章、环境标准、环境保护国际条约组成的比较完整的环境保护法律法规体系。如《中华人民共和国海洋环境保护法》《中华人民共和国水污染防治法》《中华人民共和国大气污染防治法》《中华人民共和国固体废物污染环境防治法》《中华人民共和国噪声污染防治法》《中华人民共和国放射性污染防治法》等。

（1）环境保护行政法规　由国务院依照宪法和法律的授权,按照法定程序颁布或通过的关于环境保护方面的行政法规,效力低于环境保护法律,弥补了环境保护基本法和单行法的不足。如《建设项目环境保护管理条例》等。

（2）环境保护部门规章　由环境保护行政主管部门以及其他有关行政机关制定的关于环境保护的规范性文件,在具体环境保护和环境管理工作中针对性和可操作性强。如《建设项目环境影响评价分类管理名录》等。

（3）地方性法规和地方性规章　由享有立法权的地方行政机关和地方政府机关根据当地实际情况和特定环境问题制定的,在其行政辖区范围内实施,具有较强的可操作性。

(4) 环境标准　环境标准是监督管理的最重要的措施之一,是处理环境纠纷和进行环境质量评价的依据,也是衡量排污状况和环境质量状况的主要尺度。

(5) 环境保护国际公约　是我国缔结和参加的环境保护国际公约或条约等。目前我国已签署了 40 多个环境保护国际公约和条约,如《保护臭氧层维也纳公约》等。

2. 环境影响评价中重要的法律法规

(1)《中华人民共和国环境影响评价法》。

(2)《建设项目环境保护管理条例》。

(3)《规划环境影响评价条例》。

(4) 各类环境影响评价技术导则。

(5)《建设项目环境影响评价分类管理名录》。

二、环境标准与环境标准体系

1. 环境标准

(1) 环境标准的概念　环境标准是为了保护人群健康,防治环境污染,促使生态良性循环,合理利用资源,促进经济发展,依据环境保护法和有关政策,对有关环境的各项工作所做的规定。

(2) 作用　首先,是国家环境保护法规的重要组成部分和环境保护规划的具体体现;其次,是环境管理和环境执法的技术依据和环境保护科技进步的动力;另外,是环境评价的准绳并能正确引导投资的方向。

(3) 特点

① 环境标准是对某些环境要素所作的统一的、法定的和技术的规定,是环境保护工作中最重要的工具之一。环境标准用来规定环境保护技术工作,考核环境保护和污染防治的效果。

② 环境标准是按照严格的科学方法和程序制定的。环境标准的制定还要参考国家和地区在一定时期的自然环境特征、科学技术水平和社会经济发展状况。环境标准过于严格,不符合实际,将会限制社会和经济的发展;过于宽松,又不能达到保护环境的基本要求,会造成人体危害和生态破坏。

③ 环境标准具有法律效力,同时也是进行环境规划、环境管理、环境评价和城市建设的依据。

(4) 制定环境标准的原则

① 以人为本,着重于科学性、政策性;

② 以环境基准为基础,与国家的技术水平、社会经济承受能力相适应;

③ 综合效益分析,注重实用性、可行性;

④ 因地制宜、区别对待;

⑤ 与有关标准、规范、制度协调配套并采用国际标准,与国际标准接轨;

⑥ 便于实施和监督。

（5）分类和分级

① 分类　我国环境标准分为：环境质量标准、污染物排放标准、环境基础标准、环境方法标准、环境标准物质标准和环保仪器设备标准六类。

② 分级　环境标准分为国家标准和地方标准。其中环境基础标准、环境方法标准和环境标准物质标准等只有国家标准，并尽可能与国际标准接轨。

（6）常用环境标准

① 环境质量标准　为保护自然环境、人体健康和社会物质财富，对一定时空范围内的有害物质和因素的容许数量或强度所做的限制性规定。以国家的环境保护法规为政策依据，以保护环境和改善环境质量为目标而制定，用于衡量环境质量的优劣程度。

② 污染物排放（控制）标准　为实现环境质量标准，根据环境质量要求，结合环境特点和社会、经济、技术条件，对污染源排入环境的有害物质和产生的有害因素的允许限值或排放量所做的规定。

③ 环境监测方法标准　为监测环境质量和污染物排放状况，对采样方法、分析方法、测试方法及数据处理要求等所作的统一规定。

④ 环境标准样品标准　用来标定监测仪器、验证测量方法、进行量值传递或质量控制的标准材料或物质，该标准是对这些样品应达到的要求所作的规定。

⑤ 环境基础标准　对环境保护工作中有指导意义的导则、指南、名词术语、符号、代号、标记方法、标准编排方法等所作的规定。

（7）环境标准的制定　环境标准体现国家技术经济政策。环境标准的制定要充分体现科学性和现实性相统一，才能既保护环境质量的良好状况，又促进国家经济技术的发展。制定环境标准要遵循下述原则：

① 要有充分的科学依据；

② 既要技术先进，又要经济合理；

③ 与有关标准、规范、制度协调配套；

④ 积极采用或等效采用国际标准。

2. 环境标准体系

环境标准体系是将各种不同的环境标准，依其性质、功能及相互间的内在联系，有机组织、合理构成的系统整体。环境标准体系内的各类标准，从其内在联系出发，相互支持、相互匹配，发挥体系整体的综合作用，作为环境监督管理的依据和有效手段，为控制污染、改善环境质量服务。

环境标准体系从级别上分为国家环境标准（GB）、地方环境标准（DB）和行业标准。

国家环境标准是指全国环境保护工作范围内需要统一的各项技术规范和技术要求所作的规定，包括国家环境质量标准、国家污染物排放（控制）标准、国家环境监测方法标准、国家环境标准样品标准和国家环境基础标准。

地方环境标准是由省、自治区、直辖市人民政府制定，补充和完善国家环境标准,包括地方环境质量标准和地方污染物排放(控制)标准。

国家环境质量标准中未作出规定的项目,可以制定地方环境质量标准。国家污染物排放标准中未作规定的项目,可以制定地方污染物排放标准。国家污染物排放标准已作规定的项目,可以制定严于该标准的地方污染物排放标准。

 互动交流

环境质量标准要求越高,环境受到的不利影响就越小,所以在制定环境标准的时候应该越严格越好。你同意此观点吗?请发表你的看法。

 相关链接

国际环境保护与国家主权原则之间的关系

国际环境保护与
国家主权原则
之间的关系

 复习与思考

1. 简述环境标准的作用。
2. 何谓环境标准体系?从级别上分为哪几类?

任务二　了解环境法规、标准与环境影响评价之间的相互关系

 知识目标　了解我国环境法规及标准与环境影响评价的关系。

 能力目标　能解读重要的环境法规和环境标准。

 素质目标　培养学生一丝不苟的学习及工作态度。

一、环境法规的相互关系

在法律层次上,无论是综合法、单行法还是相关法,其中有关环境保护要求的法律效力是等同的。

《中华人民共和国宪法》是环境立法的基础和根本依据,具有最高法律地位和权威性。

《中华人民共和国环境保护法》属于综合性立法,法律地位和效力仅次于宪法性

规定；单行法是环境法的主体，属于专门性法律法规；环境标准属于环境法体系中的特殊组成部分；其他部门法有关规定是环境法的补充部分。

如果法律规定中出现不一致的内容，按照发布时间的先后顺序，遵循后颁布法律的效力大于先前颁布法律的效力。

国务院环境保护行政法规的地位仅次于法律，部门行政规章、地方性环境法规和地方性环境规章均不得违背法律和环境保护行政法规。地方性法规和地方政府规章只在制定该法规、规章的辖区内有效。

我国参加和签署的环境保护国际公约与我国环境法规有不同规定时，优先适用国际公约的规定，但我国声明保留的条款除外。

二、环境标准之间的关系

国家环境标准和行业环境标准在全国范围内执行。国家环境标准发布后，相应的行业环境标准自行废止。

地方环境标准在颁布该标准的省、自治区、直辖市辖区范围内执行。地方环境标准优于国家环境标准执行。

环境质量标准和污染物排放标准是环境标准体系的核心，前者为后者的制定提供依据，后者是保证实现前者的手段和措施。

环境基础标准为各种标准提供了统一的语言，对统一、规范环境标准具有指导作用，是环境标准体系的基础。

环境监测方法标准是环境标准体系的支持系统，是执行环境质量标准和污染物排放标准、实现统一管理的基础。

污染物排放标准分为跨行业综合排放标准和行业排放标准，两者不交叉执行，有行业排放标准的项目执行行业排放标准，没有行业排放标准的项目执行综合排放标准。

三、环境影响评价的依据

在对环境影响进行评价时，根据国家颁布的环境保护相关法律和国务院有关部门颁布的环境保护相关行政法规与规章、地方颁布的环境保护相关法规与规章、环境影响评价相关技术导则和规范、项目相关技术资料与环评委托书等来判断环境现状，进一步改善环境状况。环境影响评价的依据还包括项目环境评价委托书、项目可行性论证材料、建设项目规划用地批复或用地许可材料、立项备案或批复意见材料等。

四、环境标准在环境影响评价中的应用

国家级标准是指导标准，地方标准是直接执行标准。国家标准的执法作用是通过地方标准来实现的，国家标准适用于全国范围。在环境影响评价中，标准选用是至关重要的，其选用原则为：有行业标准的执行行业标准；凡颁布了地方污染物排放标准的地区，执行地方污染物排放标准，地方标准未作出规定的，应执行国家标准；根据评价区域环境功能区划选用相应标准；国内标准中未包含的污染因子可参考国外标

准，特别是环境质量标准应该优先参考 WHO、FAO、UNEP、ISO 等国际组织的标准，可具有实质等同意义，但必须征得环保主管部门同意。

 互动交流

你怎样理解综合排放标准和行业排放标准实行不交叉执行的原则？

 相关链接

排放标准和质量标准的区别

排放标准和质量标准的区别

 复习与思考

1. 简述环境法规间的关系。
2. 简述环境质量标准与污染物排放标准之间的关系。

项目二
环境影响评价程序和方法

模块一　环境影响评价程序

任务一　了解管理程序

 知识目标　了解我国环境影响评价的分类管理和监督管理。

 能力目标　能运用理论知识解决实际问题。

 素质目标　培养学生的团队合作精神。

环境影响评价的程序是由环境影响评价的制度所决定的。环境影响评价程序是指按一定的顺序或步骤指导完成环境影响评价工作的过程。

环境影响评价的管理程序包括环境影响评价的分类筛选、监督管理内容以及与项目基本建设程序的关系。

一、环境影响评价的分类管理

环境保护管理部门根据分类管理、分级审批（筛选）的原则，提出要求编制环境影响评价文件（环境影响报告书、环境影响报告表）的类型，并明确审批部门；建设单位根据环境影响申报（咨询）意见，委托具有恰当资质的环境影响评价机构开展环境影响评价文件的编制工作，期间开展公众参与，调查受影响公众的意见。

国家根据建设项目对环境的影响程度，按照《建设项目环境保护管理条例》的有关规定对建设项目的环境影响评价实行分类管理。

① 可能对环境造成重大影响的，应当编制环境影响报告书，对建设项目产生的污染和对环境的影响进行全面、详细的评价。涉及水土保持的建设项目，还必须有经水行政主管部门审查同意的水土保持方案。

② 可能对环境造成轻度影响的，应当编制环境影响报告表，对建设项目产生的污染和对环境的影响进行分析或者专项评价。

③ 对环境影响很小，不需要进行环境影响评价的，应当填报环境影响登记表。

建设单位应当按照《建设项目环境影响评价分类管理名录》中的相关规定，确定建设项目环境影响评价类别，委托具有相应资质的环境影响评价单位编制环境影响报告书、环境影响报告表或者填报环境影响登记表。

若为名录中未作规定的建设项目，其环境影响评价类别由省级环境保护行政主管部门根据建设项目的污染因子、生态影响因子特征及其所处环境的敏感性质和敏感程度提出建议，报国务院环境保护行政主管部门认定。

国务院有关部门、设区的市级以上地方人民政府及其有关部门，在组织编制土地利用的有关规划，区域、流域、海域的建设、开发利用规划时，应当在规划编制过程中组织进行环境影响评价，编写该规划有关环境影响的篇章或者说明。

二、环境影响评价的监督管理

加强环境影响评价监督管理、规范环评行为，是保障环评制度有效执行的重要手段，是维护广大人民群众环境权益的必然要求，是深化环评审批制度改革和转变政府职能的重要保障。

1. 环境影响评价机构资质管理

环评机构应当为依法经登记的企业法人或者核工业、航空和航天行业的事业单位法人。下列机构不得申请资质：

（1）由负责审批或者核准环境影响报告书（表）的主管部门设立的事业单位出资的企业法人；

（2）由负责审批或者核准环境影响报告书（表）的主管部门作为业务主管单位或者挂靠单位的社会组织出资的企业法人；

（3）受负责审批或者核准环境影响报告书（表）的主管部门委托，开展环境影响报告书（表）技术评估的企业法人；

（4）前三项中的企业法人出资的企业法人。

生态环境部对评价机构实施统一监督管理，组织或委托省级环境保护行政主管部门组织对评价机构进行抽查，各级环境保护行政主管部门对评价机构的环境影响评价工作质量进行日常考核，省级环境保护行政主管部门组织对本辖区内评价机构进行定期考核。对抽查、考核不合格或违反有关规定的评价单位执行相应的处罚。

2. 环境影响评价机构内部质量管理

为加强建设项目环境影响评价管理，提高环境影响评价工作质量，维护环境影响评价行业秩序，各环境影响评价机构应高度重视内部质量管理工作，以 ISO 9000 质量管理体系为指导，切实做好日常工作中内部质量管理工作，严格把控环境影响报告书（表）编制过程中的质量关口。

（1）确定质量方针与质量目标　环评机构内部质量管理首先要结合单位工作特点和实际情况确定可行的质量方针和质量目标。质量方针是质量行为的准则和质量工作的方向，质量目标是质量工作所追求的目标，质量目标要与质量方针保持一致。

① 质量方针

a. 工作方法科学　严格按照环境影响评价技术导则，国家及地方法律、法规、条例、规章，环境标准，国家产业政策，行业准入等要求，采用科学、先进的评价、分析方法开展环境影响评价工作。

b. 工作过程规范　环评现状检测中严格执行操作规范和质量控制程序；环境影响报告书（表）编制严格执行合同制度、项目负责人制度、内审制度、质量控制程序等。

c. 行为公正　坚决抵制商业贿赂和来自任何方面的压力影响，保证工作的独立性和真实性。

d. 工作结论准确　环境影响报告书（表）评价、分析结论应准确。

e. 服务及时　严格履行工作合同（协议），向委托方和管理部门提供优质、高效的服务，及时提交环境影响报告书（表）。

② 质量目标

a. 建立和不断完善质量管理体系，保证体系持续有效地运行。

b. 严把质量控制关，保证承担的环境影响报告书（表）工作方法科学，工作结论客观、科学、准确。

c. 认真贯彻和执行质量方针，使管理部门和委托单位的满意率达95%以上。

d. 加强学习，提高素质，以规范的行为、过硬的技术、优质的服务赢得良好的信誉。

(2) 建立健全组织机构、明确职责　环评机构内部组织机构必须完整，职责必须明确。建立健全组织机构后要明确机构人员岗位职责，在任职条件中必须明确任职人员的学历、专业、业务履职年限、职称及是否注册环评工程师或环评上岗人员。在岗位职责中要明确工作范围、责任、质量要求。

(3) 制定内部质量管理流程　环评机构内部质量管理需要从合同谈判开始。合同谈判要严格按照规定确定委托项目编制是否在单位资质范围内，对照国家和地方产业政策和行业准入条件，初步了解委托项目是否为国家和地方鼓励或允许类，约定评价工作时间，然后按照收费标准进行谈判。环评报告编制完成后交机构质控部门，由质控部门组织质量、技术负责人按照环评导则、法律法规、内部质量控制要求进行内审。

通常，环境影响报告表安排1位人员审核，环境影响报告书可根据情况安排2~3人组成审核小组进行内审，项目负责人按照内审意见对报告进行认真的修改完善后交机构负责人审定签发。

环评报告评估后，项目负责人应按照评估意见进行认真修改完善。在整个内部质量管理流程中，质量控制部门要认真进行跟踪，做好各环节内部审核、审定的组织协调和痕迹管理工作。

(4) 评价工作质量控制　环境影响报告书（表）是环境影响评价的最终产品，为确保本单位严格按照国家法律法规规章、产业政策、环评导则、技术规范、环境标准、检测方法等要求出具报告，保证报告的科学、准确、客观，必须对报告质量进行有效控制。

所有环评报告都必须由注册环评工程师负责主持，认真编制委托项目环评工作大纲，由质量负责人和技术负责人审核后开展相关工作，环评报告编制完成后由机构质量控制部门安排内审，评估修改后由质量负责人复核修改情况。

重大项目环评报告组织包括机构负责人、技术负责人、质量负责人、本行业类别注册环评工程师或聘请的外部专家等2～3人组成内审小组进行审核，提交审核结果并签字确认。

每季度由机构质量控制部门随机抽查已经完成的报告一次，针对存在的共性问题进行专题培训；若存在问题严重，应立即提出整改措施。

3. 环境影响报告书的审批

建设项目环境影响报告书的审批实行分级审批制度。对于核设施、绝密工程等特殊性质的建设项目、跨行政区域的建设项目及由国务院审批或核准、国务院授权有关部门审批或核准、由国务院有关部门备案的对环境可能造成重大影响的特殊性建设项目，由生态环境部负责审批。

4. "三同时"验收

"三同时"制度是我国环境管理的八项制度之一。"三同时"验收是指针对新建、改建、扩建项目和技术改造项目以及区域性开发建设项目的污染治理设施必须与主体工程同时设计、同时施工、同时投产制度的验收。建设项目需要配套建设的环境保护设施经验收合格，该建设项目方可正式投入生产或者使用。

（1）验收的项目主要包括四个方面：
① 废水处理设施建设、运行情况，排放是否达标。
② 废气处理设施的建设、运行情况及废气排放情况。
③ 噪声防治设施的落实情况。
④ 固体废物的储存场所是否规范，处置是否符合规定等。

（2）"三同时"验收的基本流程：
① 编制竣工环境保护验收报告；
② 组织成立验收工作组；
③ 整改完善；
④ 公开验收报告和验收意见；
⑤ 备案。

 互动交流

"三同时"制度是我国环境管理的八项制度之一，这项制度有什么优点？

 相关链接

环境影响登记表

环境影响登记表

复习与思考

1. 简述如何对建设项目的环境影响评价实行分类管理。
2. 审批环境影响评价报告书时应贯彻哪些原则？

● 任务二　掌握工作程序 ●

 知识目标　掌握环境影响报告书编制的基本要求和编制要点。

 能力目标　能编写环评大纲，并能与他人合作编制环境影响报告书。

 素质目标　培养学生的团队合作精神。

一、环境影响评价工作阶段

环境影响评价工作一般分为三个阶段：即前期准备、调研和工作方案阶段，分析论证和预测评价阶段，环境影响评价文件编制阶段。

1. 前期准备、调研和工作方案阶段

该阶段主要完成的工作内容：接受环境影响评价委托后，确定环境影响评价文件类型。在研究相关技术文件和其他有关文件的基础上，进行初步的工程分析，同时开展初步的环境状况调查及公众意见调查。结合初步工程分析结果和环境现状资料，识别建设项目环境影响因素，筛选主要环境影响评价因子，明确评价重点和环境保护目标，确定环境影响评价的范围、评价工作等级和评价标准，最后制订工作方案。

2. 分析论证和预测评价阶段

该阶段的主要工作是做进一步的工程分析，进行充分的环境现状调查、监测并开展环境质量现状评价，之后根据污染源强和环境现状资料进行建设项目的环境影响预测，评价建设项目的环境影响，并开展公众意见调查。

若建设项目需要进行多个厂址的比选，则需要对各个厂址分别进行预测和评价，并从环境保护角度推荐最佳厂址方案；如果对原选厂址得出了否定的结论，则需要对新选厂址重新进行环境影响评价。

3. 环境影响评价文件编制阶段

这是环境影响评价的第三阶段，主要工作是汇总、分析第二阶段工作所得的各种资料、数据，根据建设项目的环境影响、法律法规和标准等的要求以及公众的意愿，提出减少环境污染和生态影响的环境管理措施和工程措施。从环境保护的角度确定项目建设的可行性，给出评价结论并提出进一步减缓环境影响的建议，最终完成环境影响报告书或报告表的编制。

二、环境影响评价工作等级的划分依据和方法

1. 评价工作等级划分

建设项目各环境要素专项评价一般可划分为三级：

一级评价对环境影响进行全面、详细、深入评价。

二级评价对环境影响进行较为详细、深入评价。

三级评价可只进行环境影响分析。

2. 评价工作等级划分依据

各环境要素专项评价工作等级按建设项目特点，所在地区的环境特征相关法律法规、标准及规划、环境功能区等因素进行划分。

3. 评价工作等级的调整

专项评价的工作等级可根据建设项目所在区域环境敏感程度、工程污染或生态影响特征及其他特殊要求等情况进行适当调整，但调整的幅度不超过一级，并应说明调整的具体理由。

三、环境影响评价大纲的编写

环境影响评价大纲是环境影响评价工作的总体设计和行动指南，是具体指导环境影响评价的技术文件，也是检查报告书内容和质量的主要依据。尤其对于环境影响评价工作经验不足者，先编制环评大纲，然后请资深专家进行评审或评估，有助于他们准确把握该项目（或规划）环境影响评价的重点和难点，少走弯路。

环境影响评价大纲一般包括以下几部分：

（1）总则　包括评价任务的由来、编制依据、控制污染与保护环境的目标、采用的评价标准、评价项目及其工作等级和重点等。

（2）建设项目概况，如为扩建项目应同时介绍现有工程概况。

（3）拟建地区的环境简况，应附位置图。

（4）建设项目工程分析的内容与方法。

（5）环境现状调查：①一般自然环境与社会环境现状调查；②环境中与评价项目关系较密切部分的现状调查　根据已确定的各评价项目工作等级、环境特点和影响预测的需要，尽量详细地说明调查参数、调查范围及调查的方法、时期、地点、次数等。

（6）环境影响预测与评价建设项目的环境影响　包括预测方法、预测内容、预测范围、预测时段以及有关参数的估值方法等，对建设项目环境影响的综合评价，应说明拟采用的评价方法。

（7）评价工作成果清单，拟提出的结论和建议的内容。

（8）评价工作的组织、计划安排。

（9）评价工作经费概算。

四、环境影响报告书的编制

环境影响报告书，是环境影响评价过程与内容的书面表现形式，是由环境影响评

价单位完成并提交。环境影响报告书需要从保护环境的目的出发，对建设项目进行可行性研究，通过综合评价，论证和选择最佳方案，听取各方面意见，将环境污染与破坏的可能性最小化，如实记录所取得的资料与结果及其他相关资料，反映建设项目的程序性与实体性相结合的文件特性。

1. 环境影响报告书编制的原则

环境影响报告书编制应全面、客观、公正，能概括地反映环境影响评价的全部工作，同时文字简洁、准确，图表清晰，论点明确。

2. 环境影响报告书编制的基本要求

（1）总体结构符合要求　环境影响报告书的总体结构应符合国家环评技术导则的要求，内容全面，重点突出。

（2）基础数据可靠　基础数据是评价的基础，基础数据如果有错误，特别是污染源排放量有错误，即使选用正确的计算模式精确计算，计算结果也是错误的。因此，基础数据必须可靠。若不同来源的同一参数数据出现不同时应进行核实。

（3）预测模式及参数选择合理　环境影响评价预测模式都有一定的适用条件，参数也因污染物和环境条件的不同而不同。因此，预测模式和参数选择应具体分析，应选择推导条件和评价条件相近或相同的模式。

（4）结论观点明确，客观可信　结论中必须对建设项目的可行性、选址的合理性做出明确的回答，不能模棱两可。结论必须以报告书中客观的论证为依据，不能带有感情色彩。

（5）表达准确，篇幅合理　语句通顺、条理清楚、文字简练，篇幅不宜过长。凡带有综合性、结论性的图表应放到报告书的正文中，对有参考价值的图表应放到报告书的附件中，以减少篇幅。

（6）署名符合要求　环境影响报告书中应有评价资格证书、报告书的署名，报告书编制人员按行政总负责人、技术总负责人、技术审核人、项目总负责人依次署名盖章，报告编写人署名。

3. 环境影响报告书的编制要点

建设项目的类型不同，对环境的影响也不尽相同，环境影响报告书的编制内容和格式也有所不同。以现状调查、污染源调查、影响预测及评价分章编排的居多。

（1）总论

① 环境影响评价项目的由来　说明建设项目立项始末，批准单位及文件，评价项目的委托，完成评价工作的概况。

② 编制环境影响报告书的目的　结合评价项目的特点，阐述环境影响报告书的编制目的。

③ 编制依据　环境影响报告书的编制依据包括：环境影响评价委托合同或委托书；建设项目建议书的批准文件或可行性研究报告的批准文件；《建设项目环境保护管理条例》及地方环保部门为贯彻此办法而颁布的实施细则或规定；建设项目的可行性研究报告或设计文件；评价大纲及其审查意见或审批文件。

④ 评价标准　在环境影响报告书中应列出当地环境保护部门根据当地的环境情况

确定的环保标准。当标准中分类或分级别时，应指出执行哪一类或哪一级。评价标准一般应包括大气环境、水环境、土壤、噪声等环境质量标准，以及污染物排放标准。

⑤ **评价范围**　评价范围可按空气环境、地表水环境、地下水环境、环境噪声、土壤及生态环境分别列出，并应简述评价范围确定的理由。应给出评价范围的评价地图。

⑥ **污染控制及环境保护目标**　应指出建设项目中有没有需要特别加以控制的污染源，主要是排放量特别大或排放污染物毒性很大的污染源。

应指出评价范围内有没有需要特别保护的重点目标，如特殊住宅、自然保护区、疗养院、文物古迹、风景旅游区等。指出在评价区内需要保护的目标，如人群、森林、草场、农作物等。

(2) **建设项目概况**　应介绍建设项目规模、生产工艺水平、产品方案、原料、材料及用水量、污染物排放量、环保措施，进行工程环境影响因素分析。

① **建设规模**　应说明建设项目的名称、建设性质、厂址的地理位置、产品、产量、总投资、利税、资金回收年限、占地面积、土地利用情况、建设项目平面布置、职工人数、全员劳动生产率。如果是扩建、改建项目，应说明原有规模。

② **生产工艺简介**　建设项目的类型不同，其生产工艺也不尽相同。生产工艺介绍应按照产品生产方案分别介绍。要介绍每一个产品生产方案的投入产出全过程。从原料的投入、经过多少次加工、加工的性质、排出什么污染物及数量如何、最终得到什么产品。在生产工艺介绍中，凡是重要的化学反应方程式，均应列出，应给出生产工艺流程图。

应对生产工艺的先进性进行说明。对扩建、改建项目，还应对原有的生产工艺、设备及污染防治措施进行分析。

③ **原料、燃料及用水量**　应给出原料、燃料的组成成分及含量，以表列出原料、燃料的消耗量及用水量，并给出物料平衡图和水量平衡图。

④ **污染物排放情况**　应列出建设项目建成投产后，各污染源排放废气、废水、废渣的数量，以及排放方式和排放去向。当有放射性物质排放时，应给出种类、剂量、来源、去向。对设备噪声源应给出设备噪声功率级，对振动源应给出振动级，并说明噪声源在厂区内的位置及距离厂界的距离。

对于扩建、改建项目，应列出技术改造前后污染物排放量的变化情况，包括污染物的种类和数量。

⑤ **拟采取的环保措施**　对建设项目拟采取的废气和废水治理方案、工艺流程、主要设备、处理效果、处理后排放的污染物是否达到排放标准，投资及运行费用等要详细介绍。还要介绍固体废物的综合利用、处置方案及去向。

⑥ **工程环境影响因素分析**　根据污染源、污染物的排放情况及环境背景状况，分析污染物可能影响环境的各个方面，将其主要影响作为环境影响预测的重要内容。

(3) **环境概况**

① **自然环境状况调查**　自然环境状况调查内容包括：评价区的地形、地貌、地质概况；评价区内的水文及水文地质情况；气象与气候；土壤及农作物；森林、草原、水产、野生动物、野生植物、矿藏资源等。

② **社会环境状况调查**　评价区内的行政区划，人口分布，人口密度，人口职业

构成与文化构成；现有工矿企业的分布概况及评价区内交通运输情况、文化教育概况、人群健康及地方病情况、自然保护区、风景旅游区、名胜古迹、温泉、疗养区以及重要政治文化设施。

③ **环境质量现状调查**　根据当地环境监测部门对评价区附近环境质量的例行监测数据或利用本次环境影响评价的环境质量现状监测数据，对环境空气、地表水、地下水和噪声的环境质量现状进行描述，对照当地生态环境局确定的有关标准说明厂区周围的环境质量状况。

（4）**污染源调查与评价**　污染源向环境中排放污染物是造成环境污染的根本原因。污染源排放污染物的种类、数量、方式、途径及污染源的类型和位置，直接关系到它的危害对象、范围和程度。因此，污染源调查与评价是环境影响评价的基础工作。

应说明评价区内污染源调查方法、数据来源、评价方法。分别列表给出评价区内大气污染源、水污染源、废渣污染源的污染物排放量、排放浓度、排放方式、排放途径和去向，评价结果，从而找出评价区内的主要污染源和主要污染物。绘制评价区内污染源分布图。

（5）**环境影响预测与评价**　环境影响预测与评价包括大气环境影响预测与评价、地表水环境影响预测与评价、地下水环境影响预测与评价、噪声环境影响预测及评价、生态环境影响评价。

（6）**环保措施的可行性及经济技术论证**

① **大气污染防治**　给出建设项目废气净化系统和除尘系统的工艺，设备型号、效率、运行费用和排放指标，分析排放指标是否符合排放标准，论述拟选处理工艺及设备的可行性，分析排气筒是否符合有关规定。

② **废水治理**　给出废水治理措施的工艺原理、流程、处理效率、排放指标，分析排放指标是否符合排放标准，阐述拟选废水治理工艺的可行性。

③ **废渣处理**　提出废渣的排放去向、处理处置方法，如果是危险固体废物，必须按照有关规定进行申报，并委托有资质的单位处理，不得私自处理或非法转移。

④ **减振防噪**　提出减少振动、降低噪声的具体措施，分析拟采用措施的可行性。

⑤ **绿化**　提出建设项目采取的绿化措施，说明绿化面积、绿化植物的选择，分析项目绿化率是否达到有关要求，如果不能达到有关要求，须提出提高绿化率指标的具体措施。

（7）**环境影响经济损益简要分析**　从社会效益、经济效益和环境效益三方面对项目建设的环境影响经济损益进行定量或定性分析，从而分析项目建设的可行性。

（8）**实施环境监测的建议**　提出项目建成运营后的环境管理计划、环境管理机构的设备和人员配置、环境监测规划等。

（9）**结论**　评价工作的结论应该客观、简要、明确。评价结论主要包括以下内容：

① 评价范围内的环境质量现状；

② 主要污染源及污染物；

③ 建设项目对周围环境的影响；

④ 环保措施的可行性；

⑤ 从选址、规模、布局等角度提出项目建设是否可行，根据项目的具体情况，

提出可供建设单位参考的建议。

（10）**附件、附图及参考文献**　附件主要包括建设项目的可行性研究报告及其批复、评价大纲及其批复、评价通知单、评价单位与建设单位签订的委托合同等。

附图包括建设项目的地理位置图，大气、地表水、地下水、噪声监测布点图，项目的总平面图，主要工艺流程图等。

参考文献应为正式出版的著作、论文，没有正式出版的内部资料不能作为参考文献。参考文献应给出作者、文献名称、出版单位、版次、出版日期等。

 互动交流

某化工企业欲在郊区建设一个生产丙烯腈的分厂，若你现在为该项目环境影响评价的小组成员，你对前期的调研工作的展开有什么建议？

办理建设项目环境影响评价文件审批申请书范本

 相关链接

办理建设项目环境影响评价文件审批申请书范本

 复习与思考

1. 环境影响评价工作程序分为哪几个阶段？
2. 简述环境影响报告书的编写原则。

模块二　环境影响评价工作方法

任务一　掌握识别方法

 知识目标　了解环境影响识别的内容和目的；掌握环境影响的识别方法。

 能力目标　能识别重要的环境影响。

 素质目标　培养学生的工匠精神。

环境影响识别是通过系统地检查拟建建设工程项目的各项"活动"与各环境要素之间的关系,识别可能的环境影响。这样可减少环境影响预测的盲目性、提高环境影响综合分析的可靠性、使污染防治对策具有针对性。环境影响识别的内容主要包括环境影响因子、环境影响对象(环境因子)、环境影响程度、环境敏感区及环境影响方式等。

环境影响识别的目的是筛选出显著的、可能影响项目决策的、需进一步评价的主要环境影响。

一、环境影响因子识别

按照建设工程项目的阶段划分,环境影响因子识别可分为建设前期(勘探、选址选线、可行性研究等)、建设期、运营期和服务期满后,需要识别不同阶段的"活动"可能带来的影响。

按照环境要素划分,环境影响因子识别分为自然环境影响和社会环境影响。自然环境影响包括对地形、地质、地貌、水文、气候、地表水质、空气质量、土壤、草原森林、陆生生物与水生生物等方面的影响;社会环境影响包括对城镇、耕地、房屋、交通、文物古迹、风景名胜、自然保护区、人群健康以及重要的军事、文化设施等的影响。

识别环境影响因子时,首先要弄清楚该工程影响地区的自然环境和社会环境状况,确定影响评价的工作范围;然后根据工程的组成、特性及其功能,结合工程影响地区的特点,从自然环境和社会环境两个方面,选择需要进行影响评价的因子。

二、环境影响对象识别

环境影响对象即环境因子,入选环境因子的原则有以下几方面:

(1)尽可能精练,并能反映评价对象的主要环境影响和充分表达环境质量状态,以及便于监测和度量。

(2)选出的因子应能组成群,并构成与环境总体结构相一致的层次,在各个层次上将环境影响全部识别出来。

(3)项目的建设阶段、生产运行阶段和服务期满后对环境的影响内容是各不相同的,因此应有不同的环境影响识别表。

三、环境影响程度识别

建设项目对环境因子的影响程度可用等级划分来反映,按不利影响与有利影响两类分别划级。

1. 不利影响

不利影响常用负号表示,按环境敏感度划分,通常可划分为极端不利、非常不利、中度不利、轻度不利、微弱不利等五个等级。

(1)极端不利:外界压力引起某个环境因子无法替代、恢复与重建的损失,此种损失是永久的、不可逆的,如使某濒危的生物种群或有限的不可再生资源遭受灭绝性威胁。

（2）**非常不利**：外界压力引起某个环境因子严重而长期的损害或损失，其代替、恢复和重建都非常困难和昂贵，并需要很长时间，如造成稀少的生物种群濒临灭绝或有限的、不易得到的可再生资源严重损失。

（3）**中度不利**：外界压力引起某个环境因子的损害或损失，其代替、恢复和重建是可能的但相当困难且可能要较高的代价，并需较长的时间，会对正在减少或有限供应的资源造成相当损失，使当地优势生物种群的生存条件产生重大变化或严重减少。

（4）**轻度不利**：外界压力引起某个环境因子的轻微损失或暂时性破坏，其再生、恢复与重建可以实现，但需要一定时间。

（5）**微弱不利**：外界压力引起某个环境因子暂时性破坏或受干扰，此级敏感度中的各项是人类能够忍受的，环境的破坏或干扰能较快地自动恢复或再生，或者其代替与重建比较容易实现。

2. 有利影响

有利影响一般用正号表示，按对环境与生态产生的良性循环，提高的环境质量，产生的社会经济效益程度而定等级。通常也可分五级，即微弱有利、轻度有利、中等有利、大有利、特有利。

3. 环境敏感区识别

环境敏感区识别也是建设工程项目环境影响识别的重要内容。建设工程项目与环境敏感区的关系以及其对环境敏感区的影响是判断环境影响程度的重要指标。

环境敏感区是指依法设立的各级各类自然、文化保护地，以及对建设项目的某类污染因子或者生态影响因子特别敏感的区域，主要包括：

（1）自然保护区、风景名胜区、世界文化和自然遗产地、饮用水水源保护区；

（2）基本农田保护区、基本草原、森林公园、地质公园、重要湿地、天然林、珍稀濒危野生动植物天然集中分布区、重要水生生物的自然产卵场及索饵场、越冬场和洄游通道、天然渔场、资源性缺水地区、水土流失重点防治区、沙化土地封禁保护区、封闭及半封闭海域、富营养化水域；

（3）以居住、医疗卫生、文化教育、科研、行政办公等为主要功能的区域，文物保护单位，具有特殊历史、文化、科学、民族意义的保护地。

四、环境影响的识别方法

环境影响的识别方法主要有清单法（核查表法）、矩阵法、叠图法和影响网络法等。

1. 清单法

清单法又称为核查表法。早在1971年就有专家提出了将可能受开发方案影响的环境因子和可能产生的影响性质，通过核查在一张表上一一列出的识别方法，故亦称"列表清单法"或"一览表法"。该法虽是较早发展起来的方法，但现在还在普遍使用，并有多种形式。

（1）简单型清单　仅是一个可能受影响的环境因子表，不作其他说明，可做定性的环境影响识别分析，但不能作为决策依据。

（2）描述型清单　描述型清单比简单型清单增加了环境因子如何度量的准则。环境影响识别常用的是描述型清单。目前有两种类型的描述型清单。

① 环境资源分类清单，即对受影响的环境因素（环境资源）先作简单的划分，以突出有价值的环境因子。通过环境影响识别，将具有显著性影响的环境因子作为后续评价的主要内容。该类清单已按工业类、能源类、水利工程类、交通类、农业工程、森林资源、市政工程等编制了主要环境影响识别表，在世界银行《环境评价资源手册》等文件中均可查获。这些编制成册的环境影响识别表可供具体建设项目环境影响识别时参考。

② 传统的问卷式清单。在清单中仔细地列出有关"项目-环境影响"要询问的问题，针对项目的各项"活动"和环境影响进行询问，答案可以是"有"或"没有"。如果回答为有影响，则在表中的注解栏说明影响的程度、发生影响的条件以及环境影响的方式，而不是简单地回答某项活动将产生某种影响。

（3）分级型清单　在描述型清单基础上又增加了环境影响程度的分级，是利用分级技术评价人类活动对环境的影响，附有对环境参数主观分级的判据。

2. 矩阵法

矩阵法由清单法发展而来，不仅具有影响识别功能，还有影响综合分析评价功能。该法将清单中所列内容系统加以排列，把拟建项目的各项"活动"和受影响的环境要素组成一个矩阵，在拟建项目的各项"活动"和环境影响之间建立起直接的因果关系，以定性或半定量的方式说明拟建项目的环境影响。

该类方法主要有相关矩阵法和迭代矩阵法两种。在环境影响识别中，一般采用相关矩阵法。即系统地列出拟建项目各阶段的各项"活动"，以及可能受拟建项目各项"活动"影响的环境要素，构造矩阵确定各项"活动"和环境要素及环境因子的相互作用关系。如果认为某项"活动"可能对某一环境要素产生影响，则在矩阵相应交叉的格点将环境影响标注出来。可以将各项"活动"对环境要素的影响程度划分为若干个等级，如三个等级或五个等级。为了反映各个环境要素在环境中的重要性，通常还采用加权的方法，对不同的环境要素赋不同的权重。可以通过各种符号来表示环境影响的各种属性。

3. 其他识别方法

具有环境影响识别功能的方法还有叠图法和影响网络法。

叠图法通过应用一系列的环境、资源图件叠置来识别、预测环境影响，标示环境要素、不同区域的相对重要性以及表征对不同区域和不同环境要素的影响。主要用于涉及地理空间较大的建设项目，如"线型"影响项目（公路、铁道、管道等）和区域开发项目。

网络法是采用因果关系分析网络来解释和描述拟建项目的各项"活动"和环境要素之间的关系。除了具有相关矩阵法的功能外，还可识别间接影响和累积影响。

互动交流

某地想修一条内陆公路,请你试着列出该建设项目环境影响的简单核查表。

 相关链接

案例:对某化肥厂建设进行环境影响识别

案例:对某化肥厂建设进行环境影响识别

 复习与思考

1. 环境影响识别的内容有哪些?
2. 环境影响识别的方法主要有哪些?

任务二 掌握预测方法

 知识目标 了解环境影响预测和评价内容;掌握重要的环境影响预测方法。

 能力目标 能对建设项目实施过程中不同阶段可能产生的重要环境影响做出合理预测。

 素质目标 培养学生的科学思维方法。

环境影响预测是要了解某区域环境在受到污染的过程中,有关环境质量参数在时间和空间上的变化量。环境保护措施一般应针对厂址的合理布局、污染物排放的控制指标、污染防治措施、生产管理和环境管理、土地利用和绿化等。

一、环境影响预测和评价内容

(1) 对建设项目的环境影响,按照建设项目实施过程的不同阶段,可以划分为建设阶段的环境影响、生产运行阶段的环境影响和服务期满后的环境影响。此外,还应分析不同选址、选线方案的环境影响。

(2) 当建设阶段的噪声、振动、地表水、地下水、大气、土壤等的影响程度较重、影响时间较长时,应进行建设阶段的环境影响预测。

(3) 应预测建设项目生产运行阶段,正常排放和非正常排放、事故排放等情况的环境影响。

(4) 应进行建设项目服务期满的环境影响评价,并提出环境保护措施。

(5) 进行环境影响评价时，应考虑环境对建设项目影响的承载能力。

(6) 涉及有毒有害、易燃、易爆物质生产、使用、贮存，存在重大危险源，存在潜在事故并可能对环境造成危害，包括健康、社会及生态风险（如外来生物入侵的生态风险）的建设项目，需进行环境风险评价。

(7) 分析所采用环境影响预测方法的适用性。

二、环境影响预测方法

环境影响预测结果的正确性除了对相关资料的掌握程度外，还取决于预测方法。预测环境影响时应尽量选用通用、成熟、简便并能满足准确度要求的方法。同时应分析所采用环境影响预测方法的适用性。目前使用较多的预测方法有数学模式法、物理模型法、类比分析法和专业判断法等。

1. 数学模式法

数学模式法分为黑箱、灰箱和白箱三种模型。

灰箱模型实际上是半经验、半理论化的，人们对客观世界中的许多事物已相当了解，但对其变化机制的某些方面还未了解清楚。因此可首先根据系统各变量之间的物理、化学、生物过程，建立起各种守恒或变化关系（白箱），而在某些了解还不清楚的方面设法参数化（黑箱），根据输入、输出数据的统计关系确定参数数值。

数学模式法能给出定量的预测结果，但需一定的计算条件和必要的参数、数据。一般情况此方法比较简便，应首先考虑。选用数学模式时要注意模式的应用条件，如实际情况不能很好满足模式的应用条件而又拟采用时，要对模式进行修正并验证。

2. 物理模型法

物理模型法是以实验手段为主的实验模拟方法，在实验室或现场通过直接对物理、化学、生物过程测试来预测人类活动对环境的影响。

物理模型法的最大特点是采用实物模型（非抽象模型）来进行预测。方法的关键在于原型与模型的相似。相似通常考虑这几方面：几何相似、运动相似、热力相似及动力相似。

(1) 几何相似：是指模型流场与原型流场中地形地物（如建筑物、烟囱）的几何形状、对应部分的夹角和相对位置要相同，尺寸要按相同比例缩小。几何相似是其他相似的前提条件。

(2) 运动相似：是指模型流场与原型流场在各对应点上的速度方向相同，且大小（包括平均风速与湍流强度）成常数比例。

(3) 热力相似：是指模型流场的温度垂直分布要与原型流场的相似。

(4) 动力相似：是指模型流场与原型流场在对应点上受到的力要求方向一致，并且大小成常数比例。

物理模型法定量化程度较高，再现性好，能反映比较复杂的环境特征，但需要有合适的试验条件和必要的基础数据，且制作复杂的环境模型需要较多的人力、物力和时间。在无法利用数学模式法预测而又要求预测结果定量精度较高时，应选用此方法。

3. 类比分析法

一个未来工程（或拟建工程）对环境的影响，可以通过一个已知的相似工程兴建前后对环境的影响订正得到。类比分析法的预测结果属于半定量性质。如由于评价工作时间较短等原因，无法取得足够的参数、数据，不能采用前述两种方法进行预测时，可选用此方法。在生态环境影响评价中常用此方法。

4. 专业判断法

专业判断法也称专家咨询法、专家评价法，最简单的方法是召开专家会议，通过组织专家讨论，对一些疑难问题进行咨询，在此基础上作出预测。较有代表性的专家咨询法是 Delphi 法。

Delphi 法的四项基本原则：匿名性；轮回反馈征询意见，沟通情况；对征询意见结果应作统计处理；发挥集体智慧，避免个别或少数专家意见支配或代替全体专家的意见，避免个人权威、资历、辩才、劝说、势力等因素的影响。

Delphi 法的工作程序为：

① 从欲解决或咨询的问题出发，设计一套问题邮寄或在发布会上发给大家，或借助互联网，专家间不要会晤。

② 征询分多轮进行。

③ 每一轮反复，都带有每一条问题的反馈，统计反馈的统计参数在课题设计阶段即应确定。

④ 对于有些在统计上离群的应答值，请求应答者更正或陈述理由。

⑤ 每轮反复所获信息量逐渐趋小，到一定点后，意见收敛，终止工作。

专家评价法有以下几个特点：

① 专家评价法的最大特点在于对某些难以用数学模型定量化的因素如社会政治因素可以考虑在内。

② 在缺乏足够统计数据和原始资料的情况下可以作出定量估计。

③ 某些因果关系太复杂，找不到适当的预测模型，或由于时间、经济等条件限制，不能应用客观的预测方法，此时只能用主观预测方法。

 互动交流

请你对四种重要的环境影响预测方法进行比较。

 相关链接

生态环境影响预测

生态环境影响预测

 复习与思考

1. 环境影响预测方法主要有哪些？
2. 应如何选择预测方法？

任务三　掌握评价方法

知识目标　掌握用指数法进行环境影响综合评价；了解矩阵法、叠图法等环境影响评价方法。

能力目标　能选择合适的环境影响评价方法对具体的建设项目进行评价。

素质目标　培养学生实事求是的学习和工作态度。

所谓环境影响综合评价是按照一定的评价目的，把人类活动对环境的影响从总体上综合起来，对环境影响进行定性或定量的评定。

环境影响评价方法可分为单项评价方法及多项评价方法。

单项评价方法是以国家、地方的有关法规、标准为依据，评定与估计各评价项目单个质量参数的环境影响。若预测值未包括环境质量现状值（即背景值），评价时应注意叠加环境质量现状值。在评价某个环境质量参数时，应对各预测点在不同情况下该参数的预测值均进行评价。单项评价应有重点，对影响较重的环境质量参数，应尽量评定与估计影响的特性、范围、大小及重要程度。影响较轻的环境质量参数则可较为简略。

多项评价方法适用于各评价项目中多个质量参数的综合评价。采用多项评价方法时，不一定包括该项目已预测环境影响的所有质量参数，可以有重点地选择适当的质量参数进行评价。建设项目如需进行多个厂址优选时，要应用各评价项目（如大气环境、地表水环境、地下水环境等）的综合评价进行分析、比较。

一、指数法

环境现状评价中常采用能代表环境质量好坏的环境质量指数进行评价。指数法是最早用于环境质量评价的一种方法，具有一定的客观性和可比性，常用于环境质量现状评价中。环境指数可以设计成随环境质量的提高而递增的质量指数，也可设计为随环境污染程度的增加而递增的污染指数，包括单因子指数、多因子指数和综合指数等。

指数法的工作流程是：分析、整理数据和资料；确定所要评价的环境要素及其评价因子；选择评价标准；评价因子的标准化处理；确定各个指标的权重；建立评价模型；进行环境治理评价，开展环境质量分级和区划。

1. 单因子指数法

先引入环境质量标准，然后对评价对象进行处理，通常就以实测值（或预测值）C 与标准值 C_s 的比值作为其数值：

$$P = \frac{C}{C_s} \tag{2-1}$$

单因子指数法用于分析该环境因子的达标（$P_i < 1$）或超标（$P_i > 1$）程度。P_i 值越小越好。

2. 综合指数法

如大气环境影响分指数、水体环境影响分指数、土壤环境影响分指数、总的环境影响综合指数等。

(1) 等权综合　各影响因子的权重完全相等时，环境影响综合指数和各影响因子的分指数可由式(2-2)和式(2-3)计算得到。

$$P = \sum_{i=1}^{n} \sum_{j=1}^{m} P_{ij} \tag{2-2}$$

$$P_{ij} = \frac{C_{ij}}{C_{sij}} \tag{2-3}$$

式中　i——第 i 个环境要素；
n——环境要素总数；
j——第 i 环境要素中第 j 环境因子；
m——第 i 环境要素中的环境因子总数。

(2) 非等权综合　各影响因子的权重不同时，可按照式(2-4)计算。

$$P = \frac{\sum_{i=1}^{n} \sum_{j=1}^{m} W_{ij} P_{ij}}{\sum_{i=1}^{n} \sum_{j=1}^{m} W_{ij}} \tag{2-4}$$

式中，W_{ij} 为权重因子，根据有关部门研究或专家咨询确定。

某海区质量划分标准及空气污染指数范围与相应的空气质量类别分别如表 2-1 和表 2-2 所示。

表 2-1　某海区质量划分标准

污染程度分级	评价标准值	
	综合评价值	单因子污染指数值
Ⅰ级，清洁	<50	<0.50
Ⅱ级，尚清洁	50～75(不含)	0.50～0.75(不含)
Ⅲ级，轻度污染	75～100(不含)	0.75～1.00(不含)
Ⅳ级，中度污染	100～125(不含)	1.00～1.25(不含)
Ⅴ级，重度污染	≥125	≥1.25

表 2-2　空气污染指数范围及相应的空气质量类别

空气污染指数 API	空气质量状况	对健康的影响	建议采取的措施
0～50	优	可正常活动	
51～100	良		
101～150	轻微污染	易感人群症状有轻度加剧，健康人群出现刺激症状	心脏病和呼吸系统疾病患者应减少体力消耗和户外活动
151～200	轻度污染		

续表

空气污染指数 API	空气质量状况	对健康的影响	建议采取的措施
201～250	中度污染	心脏病和肺病患者症状显著加剧,运动耐受力降低,健康人群中普遍出现症状	老年人和心脏病、肺病患者应停留在室内,并减少体力活动
251～300	中度重污染		
>300	重污染	健康人运动耐受力降低,有明显强烈症状,提前出现某些疾病	老年人和病人应当留在室内,避免体力消耗,一般人群应避免户外活动

上述指数评价方法有两方面的作用:

① 可根据 P 值与健康、生态影响之间的关系进行分级,转化为健康、生态影响的综合评价(如格林空气污染指数、橡树岭空气质量指数、英哈巴尔水质指数等)。

② 可以评价环境质量好坏与影响大小的相对程度。采用同一指数,还可作不同地区、不同方案间的相互比较。

3. 巴特尔(Battle)指数法

巴特尔指数法是采用函数曲线作图的方法,把环境参数转换成某种指数或评价值来表示开发行为对环境的影响,同时进行多方案的比较。

(1) 具体做法

① 建立质量指数函数图:一个给定的因子一般都有一定的变化范围,以给定因子的变化范围为横坐标、以环境质量指数为纵坐标作图,且把纵坐标标准化为 0～1,0 表示最差,1 表示最好。

② 每个评价因子,均有其质量指数函数图。各评价因子若已得出预测值,便可根据此图得出该因子的质量影响评价值。图 2-1 为某水域溶解氧及总溶解固体的质量指数函数图。

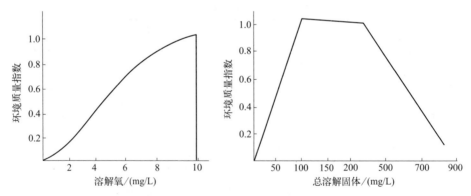

图 2-1 某水域溶解氧及总溶解固体的质量指数函数图

(2) 优缺点

① **优点**:简明、清晰、选择性强。

② **缺点**:不能给出各方案的直接数量概念,对社会经济方面的评价也强调得不够。

二、矩阵法

矩阵法是由清单法发展而来的，不仅具有影响识别功能，还有影响综合分析评价功能。

矩阵法是将清单中所列内容，按其因果关系，系统加以排列，并把开发行为和受影响的环境要素组成一个矩阵，在开发行为和环境影响之间建立起直接的因果关系，定量或半定量地说明拟议的工程对环境的影响。这类方法主要有相关矩阵法、迭代矩阵法两种。

矩阵法可以直观地表示交叉或因果关系，矩阵的多维性尤其有利于描述规划环境影响评价中的各种复杂关系，简单实用，内涵丰富，易于理解；缺点是不能处理间接影响和时间特征明显的影响。

1. 相关矩阵法

相关矩阵法是在横轴上列出各项开发行为的清单，纵轴上列出受开发行为影响的各环境要素清单，从而把两种清单组成一个环境影响识别的矩阵。

（1）原理　由于在一张清单上的一项条目可能与另一清单的各项条目都有系统的关系，这样可确定它们之间有无影响，从而助于对影响的识别，并确定某种影响是否可能发生。当开发活动和环境因素之间的相互作用确定之后，此矩阵就已经成为了一种简单明了且有用的评价工具。

（2）操作要点

① 系统地列出拟建项目各阶段的各项"活动"，以及可能受拟建项目各项"活动"影响的环境要素，构造矩阵确定各项"活动"和环境要素及环境因子的相互作用关系。

② 如果认为某项"活动"可能对环境要素产生影响，则在矩阵相应交叉的格点将环境影响标注出来。

③ 可以将影响程度分为若干等级。

④ 各环境要素在环境中的重要性不同，采用加权的方法。

⑤ 可以用各种符号表示环境的各种属性。

表 2-3 为按矩阵法排列的某建设项目各开发行为对环境要素的影响。

表 2-3　各开发行为对环境要素的影响（按矩阵法排列）

环境要素	居住区改变	水文排水改变	修路	噪声和振动	城市化	平整土地	侵蚀控制	园林化	汽车环行	总影响
地形	8(3)	−2(7)	3(3)	1(1)	9(3)	−8(7)	−3(7)	3(10)	1(3)	3
水循环使用	1(1)	1(3)	4(3)			5(3)	6(1)	1(10)		47
气候	1(1)				1(1)					2
洪水稳定性	−3(7)	−5(7)	4(3)			7(3)	8(3)	2(10)		5
地震	2(3)	−1(7)			1(1)	8(3)	2(1)			26
空旷地	8(10)		6(10)	2(3)	−10(7)			1(10)	1(3)	89
居住区	6(10)				9(10)					150

续表

环境要素	居住区改变	水文排水改变	修路	噪声和振动	城市化	平整土地	侵蚀控制	园林化	汽车环行	总影响
健康和安全	2(10)	1(3)	3(3)		1(3)	5(3)	2(1)		−1(7)	45
人口密度	1(3)			4(1)	5(3)					22
建筑	1(3)	1(3)	1(3)		3(3)	4(3)	1(1)		1(3)	34
交通	1(3)		−9(7)		7(3)				−10(7)	−109
总影响	180	−47	42	11	97	31	−2	70	−68	314

注：表中数字表示影响大小。1表示没有影响；10表示影响最大。负数表示坏影响；正数表示好影响。括号内数字表示权重，数值越大权重越大。

2. 迭代矩阵法

迭代矩阵法的步骤如下：

（1）首先列出开发活动（或工程）的基本行为清单及基本环境因素清单。

（2）将两清单合成一个关联矩阵。把基本行为和基本环境因素进行系统的对比，找出全部"直接影响"即某开发行为对某环境因素造成的影响。

（3）进行"影响"评价，每个"影响"都给定一个权重 G，区分"有意义影响"和"可忽略影响"，以此反影响的大小问题。

（4）进行迭代。所谓迭代，就是把经过评价认为是不可忽略的全部一级影响，形式上当作"行为"处理，再同全部环境因素建立关联矩阵进行鉴定评价，得出全部二级影响……，循此步骤继续进行迭代，直到鉴定出至少有一个影响是"不可忽略"、其他全部"可以忽略"为止。

三、图形叠置法

图形叠置法可使用手工叠图或计算机叠图。

计算机叠图步骤为：准备一张画有项目位置和要考虑影响评价的区域和轮廓基图的透明图片和一份可能受影响的当地环境因素一览表，对每一种要评价的因素都要准备一张透明图片，每种因素受影响的程度可以用一种专门的黑白色码的阴影深浅来表示。通过在透明图上的地区给出特定的阴影，可以很容易地表示影响程度。把各种色码的透明片叠置到基片图上就可看出一项工程的综合影响。不同地区的综合影响差别由阴影的相对深度来表示。此法用于线路开发项目最有效。

手工叠图的步骤为：先用一张透明纸，画上项目的位置、要考虑影响评价的区域和轮廓等作为基图；然后绘出每个影响因子影响程度的透明图，影响程度用一种专门的色码的阴影深浅来表示；再将影响因子图和基图重叠，不同地区的综合影响差别由阴影的相对深度来表示。

计算机制图比手工更方便、更灵敏。

四、网络法

网络法是采用原因-结果的分析网络来阐明和推广矩阵法。它可以鉴别和累积直接的和间接的影响。网络法往往表示为树枝状，因此又称为关系树或影响树。利用影响树可以表示出一项社会活动的原发性影响和继发性影响。

 互动交流

　　使用矩阵法对环境影响进行综合评价有何优缺点？如果给你一个指定的项目，你能用矩阵法进行分析评价吗？

 相关链接

图形叠置法与伊恩·伦诺克斯·麦克哈格

图形叠置法与伊恩·伦诺克斯·麦克哈格

 复习与思考

1. 环境影响综合评价的含义是什么？
2. 环境影响综合评价的重要方法有哪些？这些方法各有什么优缺点？

项目三
工程分析

模块一　工程分析概述

任务一　了解工程分析的作用和重点工作

 知识目标　了解工程分析的作用；了解工程分析的内容。

 能力目标　能进行污染影响因素分析；能进行生态影响因素分析。

 素质目标　培养科学严谨的态度。

对建设项目进行工程分析时，首先要读懂项目建议书或项目的可行性报告，即必须明确项目要做什么；其次，该项目是否遵循有关的法规、标准、技术政策，是否与现有的规划相符合应该明确；再次，该项目如果要建设的话，应与其周边的环境或区域环境相结合进行考虑，即分析该项目从施工、试运行、投产后会对环境产生什么影响。

一、工程分析基本要求

（1）工程分析应突出重点。根据各类型建设项目的工程内容及其特征，对可能产生较大环境影响的主要因素要进行深入分析。

（2）应用的数据资料要真实、准确、可信。对建设项目的规划、可行性研究和初步设计等技术文件中提供的资料、数据、图件等，应进行分析后引用；引用现有资料进行环境影响评价时，应分析其时效性；类比分析数据、资料应分析其相同性或者相似性。

（3）结合建设项目工程组成、规模、工艺路线，对建设项目环境影响因素、方式、强度等进行详细分析与说明。

二、工程分析的内容

1. 工程基本数据

建设项目规模、主要生产设备和公用及贮运装置、平面布置，主要原辅材料及其他物料的理化性质、毒理特征及其消耗量，能源消耗量、来源及其储运方式，原料及燃料的类别、构成与成分，产品及中间体的性质、数量，物料平衡，燃料平衡，水平衡，特征污染物平衡；工程占地类型及数量，土石方量，取弃土量；建设周期、运行参数及总投资等。

根据"清污分流、一水多用、节约用水"的原则做好水平衡，给出总用水量、新鲜用水量、废水产生量、循环使用量、处理量、回用量和最终外排量等，明确具体的回用部位；根据回用部位的水质、温度等工艺要求，分析废水回用的可行性。按照国家节约用水的要求，提出进一步节水的有效措施。

改扩建及异地搬迁建设项目需说明现有工程的基本情况、污染排放及达标情况、存在的环境保护问题及拟采取的整改措施等内容。

2. 污染影响因素分析

绘制包含产污环节的生产工艺流程图，分析各种污染物产生、排放情况，列表给出污染物的种类、性质、产生量、产生浓度、削减量、排放量、排放浓度、排放方式、排放去向及达标情况；分析建设项目存在的具有致癌、致畸、致突变的物质及具有持久性影响的污染物来源、转移途径和流向；给出噪声、振动、热、光、放射性及电磁辐射等污染的来源、特性及强度等；各种治理、回收、利用、减缓措施状况等。

3. 生态影响因素分析

明确生态影响作用因子，结合建设项目所在区域的具体环境特征和工程内容，识别、分析建设项目实施过程中的影响性质、作用方式和影响后果，分析生态影响范围、性质、特点和程度。应特别关注特殊工程点段分析，如环境敏感区、长大隧道与桥梁、淹没区等，并关注间接性影响、区域性影响、累积性影响以及长期影响等特有影响因素的分析。

4. 原辅材料、产品、废物的储运

通过对建设项目原辅材料、产品、废物等的装卸、搬运、储藏、预处理等环节的分析，核定各环节的污染来源、种类、性质、排放方式、强度、去向及达标情况等。

5. 交通运输

给出运输方式（公路、铁路、航运等），分析由于建设项目的施工和运行，使当地及附近地区交通运输量增加所带来环境影响的类型、因子、性质及强度。

6. 公用工程

给出水、电、气、燃料等辅助材料的来源、种类、性质、用途、消耗量等，并对来源及可靠性进行论述。

7. 非正常工况分析

对建设项目生产运行阶段的开车、停车、检修等非正常排放时的污染物进行分

析，找出非正常排放的来源，给出非正常排放污染物的种类、成分、数量与强度，产生环节、原因、发生频率及控制措施等。

8. 环境保护措施和设施

按环境影响要素分别说明工程方案已采取的环境保护措施和设施，给出环境保护设施的工艺流程、处理规模、处理效果。

9. 污染物排放统计汇总

对建设项目有组织与无组织、正常工况与非正常工况排放的各种污染物浓度、排放量、排放方式、排放条件与去向等进行统计汇总。

对改扩建项目的污染物排放总量统计，应分别按现有、在建、改扩建项目实施后汇总污染物产生量、排放量及其变化量，给出改扩建项目建成后最终的污染物排放总量。

 互动交流

说一说工程基本数据分析要注意什么。

 相关链接

欧盟拟严格立法治理空气和水污染

欧盟拟严格立法治理空气和水污染

 复习与思考

1. 工程分析基本内容有哪些？
2. 工程分析的要求有哪些？

任务二　掌握工程分析常用方法

 知识目标　了解工程分析的方法类别；掌握工程分析常用方法的适用范围。

 能力目标　能利用物料衡算法进行工程分析；能正确使用类比分析法。

 素质目标　具备恰当选用工程分析方法的基本素质；培养学生的科学精神和态度。

建设项目的工程分析应根据项目的规划、可行性研究和设计方案等技术资料进行。但是有些项目在可行性研究阶段所能提供的工程技术资料有限，可能满足不了工程分析的需要。此时可以根据具体情况选用其他适用的方法进行工程分析。工程分析常用的方法主要有类比分析法、实测法、物料衡算法、资料复用法、排污系数法、实验法等。

一、类比分析法

1. 定义

类比分析法是用与拟建项目类型相同的现有项目的设计资料或实测数据进行工程分析的常用方法。

2. 分析对象与类比对象间的相似性和可比性

为提高类比数据的准确性，应充分注意分析对象与类比对象间的相似性和可比性，主要包括以下三方面。

（1）工程一般特征的相似性　包括建设项目的性质、建设项目的规模、车间组成、产品结构、工艺路线、生产方法、原料、燃料成分与消耗量、用水量和设备类型等。

（2）污染物排放特征的相似性　包括污染物排放类型、浓度、强度与数量、排放方式与去向以及污染方式与途径等。

（3）环境特征的相似性　包括气象条件、地貌状况、生态特点、环境功能、区域污染情况。

二、实测法

实测法是对污染源进行现场测定，得到污染物的排放浓度和流量，然后计算出排放量，即

$$G = CQ \tag{3-1}$$

式中，G 为实测的污染物单位时间排放量；C 为实测的污染物算术平均浓度；Q 为烟气或废水的流量。

这种方法只适用于已投产的污染源，并且容易受到采样频次的限制。如果实测的数据没有代表性，也不易得到真实的排放量。

三、物料衡算法

物料衡算法主要用于污染型建设项目的工程分析，是计算污染物排放量最基本的方法。物料衡算法的基本原则是依据质量守恒定律，即在生产过程中投入系统的物料总量等于产出产品总量与物料流失总量之和。在工程分析中，根据分析对象的不同，常用的物料衡算有总物料衡算、有毒有害物料衡算及有毒有害元素物料衡算。物料衡算的计算通式为

$$\sum G_{投入} = \sum G_{产品} + \sum G_{流失} \tag{3-2}$$

式中　$\sum G_{投入}$——投入系统的物料总量；

$\sum G_{产品}$——产出的产品总量；

$\sum G_{流失}$——物料流失总量。

1. 总物料衡算

当投入的物料在生产过程中发生化学反应时，可按式(3-3)进行衡算：

$$\sum G_{排放} = \sum G_{投入} - \sum G_{回收} - \sum G_{处理} - \sum G_{转化} - \sum G_{产品} \tag{3-3}$$

式中 $\sum G_{投入}$——投入物料中的某污染物总量；

$\sum G_{产品}$——进入产品中的某污染物总量；

$\sum G_{回收}$——进入回收产品中的某污染物总量；

$\sum G_{处理}$——经净化处理掉的某污染物总量；

$\sum G_{转化}$——生产过程中被分解、转化的某污染物总量；

$\sum G_{排放}$——某污染物的排放量。

2. 定额衡算

$$A = A_D M \tag{3-4}$$

$$A_D = B_D - (a_D + b_D + c_D + d_D) \tag{3-5}$$

式中 A——某污染物的排放总量；

A_D——单位产品某污染物的排放定额；

M——产品总产量；

B_D——单位产品投入或生成的某污染物量；

a_D——单位产品中某污染物的含量；

b_D——单位产品所生成的副产物、回收品中某污染物的含量；

c_D——单位产品中被分解、转化的污染物量；

d_D——单位产品被净化处理掉的污染物量。

物料衡算法还可用于对某单元过程或某工艺操作分析，确定这些单元工艺过程、单一操作的污染物产生量。如对输送过程、反应过程进行物料衡算，可以核定加工过程的物料损失量，进而了解污染物产生量。

采用物料衡算法进行工程分析时必须从总体上掌握技术路线与工艺流程的布局框架和结构特征，从物流、能流与信息流上对生产工艺、化学反应、副反应和管理等情况进行全面了解，掌握原料、辅助材料、燃料的成分和单位消耗定额及总量动态变化。

四、资料复用法

资料复用法是利用同类工程已有的环境影响评价资料或可行性研究报告等资料，进行工程分析的方法。虽然此法较为简便，但所得数据的准确性很难保证，所以只能在评价等级较低的建设项目工程分析中使用。

五、排污系数法

排污系数即污染物排放系数，指在典型工况生产条件下，生产单位产品（使用单位原料）所产生的污染物量经过末端治理设施削减后的残余量，或生产单位产品（使用单位原料）直接排放到环境中的污染物量。污染物的排放量 Q 可根据生产过程中单位产品的经验排污系数进行计算，计算公式为

$$Q = KW \tag{3-6}$$

式中 K——单位产品的经验排污系数；

W——某种产品的单位时间产量。

污染物的排污系数，是在特定条件下产生的，随区域、生产技术条件的不同，污染物排污系数和实际排污系数可能有很大差别。因此，在选择时，应根据实际情况加以修正。

 互动交流

说一说物料衡算法的注意事项。

 相关链接

全面实行排污许可制有何意义？

 复习与思考

1. 常用的工程分析方法有哪些？
2. 实测法适用于什么情况的工程分析？

全面实行排污许可制有何意义？

模块二 环境污染型建设项目工程分析

任务一 环境污染型建设项目工程分析概述

 知识目标 了解新建污染型建设项目工程分析内容；了解改扩建污染型建设项目工程分析内容。

 能力目标 能对新建污染型建设项目工程概况进行分析；能熟悉新建及改扩建污染型建设项目工程分析内容。

 素质目标 培养解决实际问题的能力。

一、新建污染型建设项目工程分析内容

在项目建设和运行过程中会产生水污染物、大气污染物、固体废物、危险废物等污染环境物质的建设项目属于污染型建设项目。对于新建污染型建设项目，需要分析项目建设内容、性质及项目选址；工程组成及总投资、环保投资；主要设备；主要原辅材料及其他物料消耗、原材料理化性质和毒理特征；能源消耗量、来源及其储运方式；燃料类别、构成与成分，产品及中间体的性质、产品方案，物料平衡，水资源利用指标（总用水量、新鲜用水量、重复用水量、排水量等）、水平衡；工程占地类型及数量（土石方量、取弃土量等）；交通运输等情况。核算统计项目的主要技术经济指标和工程技术数据。

二、改扩建污染型建设项目工程分析内容

对于改扩建污染型建设项目，必须分析现有工程的基本情况，一般包括现有工程主要工程组成和规模、产品方案、主要生产工艺，与改扩建项目有关的环保设施和措施，对现有污染物排放进行调查，核算统计排放量，分析其达标排放情况，明确现存的主要环境问题及工程拟采取的"以新带老"措施。改扩建项目与现有工程的依托关系也要明确。

三、环保措施方案分析

1. 分析建设项目可研阶段环保措施方案的技术经济可行性

根据建设项目产生污染物的特点，充分调查同类企业现有环保处理方案的经济技术运行指标，分析建设项目可研阶段所采用环保设施的经济技术的可行性。环保措施方案技术可行，经济指标不可行，方案不一定可行；只有技术可行，经济指标可行，方案才可行，然后在此基础上提出进一步改进的意见。

2. 分析项目采用污染处理工艺，排放污染物达标的可靠性

根据现有同类环保设施的运行技术经济指标，结合建设项目排放污染物的基本特点和所采用污染防治措施的合理性，分析建设项目环保设施运行，确保污染物排放达标的可靠性，并提出进一步改进的意见。

3. 分析环保设施投资构成及其在总投资中占有的比例

汇总建设项目环保设施的各项投资，分析其投资结构，并计算环保投资在总投资中所占的比例。对于改扩建项目，环保设施投资一览表中还应包括"以新带老"的环保投资内容。

4. 依托设施的可行性分析

随着经济的发展，依托设施已经成为区域环境污染防治的重要组成部分。对于所排废水，经过简单处理后排入区域或城市污水处理厂进一步处理或排放的项目，除了对其所采用污染防治技术的可靠性、可行性进行分析评价外，还应对接纳排水的污水处理厂的工艺合理性进行分析，分析其处理工艺是否与项目排水的水质相容；对于可以进一步利用的废气，要结合所在区域的社会经济特点，分析其集中收集、净化、利用的可行性；对于固体废物，则要根据项目所在地的环境、社会经济特点，分析综合利用的可能性；对于危险废物，则要分析能否得到妥善的处置。

四、污染型建设项目工程概况分析

工程概况分析需简单介绍建设项目的工程概况和工程的一般特征，如火电项目需介绍电站锅炉的吨位数量、汽轮机数量和规模，年发电量情况，以及公用工程和附属工程等项目组成情况。通过项目组成的工程分析，找出项目建设存在的主要环境问题，列出项目组成表，为项目产生的环境影响分析和提出合适的污染防治措施奠定基础。根据工程组成和工艺，给出主要原料及辅料的名称、单位产品消耗量、年总耗量和来源。对于含有毒物质的原料、辅料还应给出组分。对于分期建设项目，应按不同建设期说明建设规模。改扩建项目应列出现有工程，说明依托关系。污染型建设项目工程分析基本内容汇总如表 3-1 所示。

表 3-1 污染型建设项目工程分析基本内容一览表

要点	内容
工程概况	工程一般特征介绍；物料与能源消耗定额；主要技术经济指标
工艺流程及产污环节分析	工艺流程及污染物产生环节
污染物分析	污染源分布及污染物源强核算；物料平衡与水平衡；无组织排放源强；风险排污源强统计及分析
清洁生产水平分析	清洁水平分析
环保措施方案分析	分析本项目可行性，确定环保措施方案所选工艺及设备的先进水平和可靠程度；分析处理工艺有关技术经济参数的合理性；分析环保设施投资构成及其在总投资中占有的比例
总图布置方案分析	分析厂区与周围的保护目标之间所定防护距离的安全性；根据气象、水文等自然条件分析工厂和车间布置的合理性；分析村镇居民拆迁的必要性
补充措施与建议	关于合理的产品结构与生产规模的建议；优化总图布置的建议；节约用地的建议；可燃气体平衡和回收利用措施建议；用水平衡及节水措施建议；废渣综合利用建议；污染物排放方式改进建议；环保设备选型和实用参数建议；其他建议

互动交流

说一说环保措施方案要分析的内容。

相关链接

推进全面实行排污许可制，进展如何？

复习与思考

1. 新建污染型建设项目工程分析有什么？
2. 改扩建污染型建设项目的工程分析有哪些？

推进全面实行排污许可制，进展如何？

任务二　开展污染源源强核算工作

 知识目标　了解污染源源强核算；了解无组织排放源的统计方法。

 能力目标　能进行污染物分析及污染物源强核算；能对无组织排放源进行统计。

 素质目标　培养解决实际问题的能力。

一、工艺流程及产污环节分析

根据工艺过程的描述及同类项目生产的实际情况绘制工艺流程，大项目一般用装置流程图的方式说明生产过程，中小项目一般用方块流程图表示。环境影响评价关心的是工艺过程中产生污染物的具体位置，污染物的种类和数量。所以绘制环境影响评价工艺流程图应包括产生污染物的位置和种类，不产生污染物的过程和装置可以简化，有化学反应发生的工序要列出主要化学反应式和副反应式，并在总平面布置图上标出污染源的主要部位。

二、污染源源强核算

1. 污染物分析及污染物源强核算

污染源分布和污染物类型及排放量是各专题评价的基础资料，必须按建设过程、运营过程两个时期详细核算和统计，一些项目根据评价需要还应对服务期满后影响源强进行核算，力求完善。因此，通过对项目的工艺流程及产污环节分析，根据已经绘制的污染流程图，确定污染源分布和污染物类型，并按排放点标明污染物排放部位，列表逐点统计各种污染物的排放强度、浓度及数量。对于最终排入环境的污染物，确定其是否达标排放，达标排放必须以项目的最大负荷核算。比如燃煤锅炉二氧化硫、烟尘排放量，必须要以锅炉最大产汽量时所耗的燃煤量为基础进行核算。

对于废气可按点源、面源、线源进行核算，说明源强、排放方式和排放高度及存在的有关问题。废水应说明种类、成分、浓度、排放方式、排放去向。按《中华人民共和国固体废物污染环境防治法》对废物进行分类，废液应说明种类、成分、浓度、是否属于危险废物、处置方式和去向等有关问题；废渣应说明有害成分、溶出物浓度、是否属于危险废物、数量、处理和处置方式以及贮存方法。噪声和放射性应列表说明源强、剂量及分布。

统计方法应以车间或工段为核算单元，对于泄漏和放散量部分，原则上要求实测，实测有困难时，可以利用年均消耗定额的数据进行物料平衡推算。

2. 新建项目污染物排放量核算

应该按废水和废气污染物分别统计各种污染物排放总量，固体废物按我国规定统计一般固体废物和危险废物，并应算清"两本账"，即生产过程中的污染物产生量和实施污染防治措施后的污染物消减量，二者之差为污染物最终排放量。统计时应以车间或工段为核算单元，对于泄漏和放散量部分，原则上要求实测，实测有困难时，可以利用年均消耗定额的数据进行物料平衡推算。

3. 改扩建项目污染物源强

在统计污染物排放量的过程中，应算清新老污染源"三本账"，即改扩建前污染物排放量，改扩建项目污染物排放量，改扩建完成后（包括"以新带老"削减量）污染物排放量，三者的关系可表示为：

改扩建前排放量－"以新带老"削减量＋改扩建项目排放量＝改扩建完成后排放量。

4. 通过物料平衡计算污染源强

依据质量守恒定律，投入的原材料和辅助材料的总量等于产出的产品和副产物以及产生污染物的总量。通过物料平衡，可以核算产品和副产品的产量，并计算出污染物的源强。在环境影响评价中，必须根据不同行业的具体特点，选择若干有代表性的物料，主要是针对有毒有害的物料，进行物料衡算。

5. 水平衡

水作为工业生产中的原料和载体，在任一用水单元内都存在着水量的平衡关系，也同样可以依据质量守恒定律，进行质量平衡计算，这就是水平衡。

6. 污染物排放总量控制建议指标

在核算污染物排放量的基础上，按国家对污染物排放总量控制指标的要求，提出工程污染物排放总量控制建议指标，污染物排放总量控制建议指标应包括国家规定指标和项目的特征污染物，其单位为吨/年。提出的工程污染物排放总量控制建议指标必须满足以下要求：

① 满足达标排放的要求；
② 符合相关环保要求（如特殊控制的区域与河段）；
③ 技术上可行。

三、无组织排放的统计

无组织排放是没有排气筒或排气筒高度低于15m排放源排放的污染物，表现在生产工艺过程中具有弥散型污染物的无组织排放以及设备、管道和管件的跑冒滴漏，在空气中的蒸发、逸散引起的无组织排放。其确定方法主要有三种：

1. 物料衡算法

通过全厂物料的投入产出分析，核算无组织排放量。

2. 类比法

与工艺相同、使用原料相似的同类工厂进行类比，在此基础上，核算本厂无组织排放量。

3. 反推法

通过对同类工厂正常生产时的无组织监控点进行现场监测，利用面源扩散模式反推，以此确定工厂无组织排放量。

四、非正常排污的源强统计与分析

非正常排污包括开车、停车、检修和其他非正常工况排污两部分。

正常开、停车或部分设备检修时排放的污染物属非正常排放。

其他非正常工况排污是指工艺设备或环保设施达不到设计规定指标的超额排污，因为这种排污代表长期运行的排污水平，所以在非正常排污评价中，应以此作为源强。非正常工况排污还包括试验性生产等。此类异常排污分析都应重点说明异常情况的原因和处置方法。

 互动交流

说一说污染源源强核算内容。

 相关链接

未来将如何继续推进全面实行排污许可制？

未来将如何继续推进全面实行排污许可制？

 复习与思考

1. 新建项目污染物排放量核算需注意哪些问题？
2. 非正常排污的源强统计与分析包括什么？

● 任务三　清洁生产项目中的应用分析 ●

 知识目标　了解清洁生产水平评价指标的选取原则；了解清洁生产评价指标的含义。

 能力目标　能恰当选取清洁生产水平评价指标；能对清洁生产评价指标准确计算。

 素质目标　具备科学严谨的态度。

清洁生产是一种污染防治战略，建设项目清洁生产水平的高低，对项目建成后污染物达标排放至关重要。项目实施清洁生产,可以减轻项目末端处理的负担,提高项目建设的环境可行性。国家已经公布部分行业清洁生产标准,如炼油、制革、炼焦等,在建设项目的清洁生产水平分析中,可以利用这些基础数据与建设项目相应的指标比较,以此衡量建设项目的清洁生产水平。

一、清洁生产水平评价指标的选取

1. 从产品生命周期全过程考虑

生命周期分析方法是清洁生产指标选取的一个最重要原则,它是从一个产品的整个寿命周期全过程地考察其对环境的影响,如从原材料的采掘,到产品的生产过程,再到产品销售,直至产品报废后的处置。生命周期评价是对一个产品系统的生命周期中输入、输出及其潜在环境影响的汇总和评价。生命周期评价方法与其他环境评价方法的主要区别,是从产品的整个生命周期来评估产品对环境的总影响。

2. 体现污染预防为主的原则

清洁生产指标必须以预防为主,要求完全不考虑末端治理,因此污染物产生指标是指污染物离开生产线时的数量和浓度,而不是经过处理后的数量和浓度。清洁生产指标主要应反映出项目实施过程中所使用的资源量及产生的废物量,包括使用能源、水或其他资源的情况,通过对这些指标的评价,分析项目的资源利用情况和节约的可能性,达到保护自然资源的目的。

3. 数据易得、容易量化

清洁生产指标要力求定量化,对于难以定量的也应给出文字说明。为了使所确定的清洁生产指标既能够反映项目的主要情况,又简便易行,在设计时要充分考虑到指标体系的可操作性。因此,应尽量选择容易量化的指标项,这样可以给清洁生产指标的评价提供有力的依据。

4. 满足政策法规要求和符合行业发展趋势

清洁生产指标应符合产业政策和行业发展趋势要求,并考虑行业特点。

二、清洁生产评价指标含义及计算

清洁生产评价指标可分为六大类:生产工艺与装备要求、资源和能源利用指标、产品和包装指标、污染物产生指标、废物回收利用指标和环境管理要求。

1. 生产工艺与装备要求

选用清洁工艺,淘汰落后有毒有害原、辅材料和落后的设备,是推行清洁生产的前提,因此,在清洁生产分析专题中,首先要对工艺技术来源和技术特点进行分析,说明其在同类技术中所占地位及选用设备的先进性。对于一般性建设项目的环境影响评价工作,生产工艺与装备选取直接影响到该项目投入生产后的资源、能源利用效率和废弃物产生,可从装置规模、工艺技术、设备等方面体现出来,分析其在节能、减污、降耗等方面达到的清洁生产水平。

2. 资源和能源利用指标

从清洁生产的角度看，资源、能源指标的高低，也反映一个建设项目的生产过程在宏观上对生态系统的影响程度，因为在同等条件下，资源、能源消耗量越高，对环境的影响越大。资源能源利用指标包括能耗指标、物耗指标、原材料指标、新水用量指标四类。

（1）单位产品的能耗：生产单位产品消耗的电、煤、石油、天然气和蒸汽等能源量，通常采用单位产品综合能耗指标进行。

（2）单位产品的物耗：生产单位产品消耗的主要原、辅材料量，也可用产品收率、转化率等工艺指标反映。

（3）原、辅材料的选取（原材料指标）：可从毒性、生态影响、可再生性、能源强度及可回收利用性这五个方面建立定性分析指标。

3. 产品和包装指标

对产品的要求是清洁生产的一项重要内容，因为产品的销售、使用过程及报废后的处理处置均会对环境产生影响，有些影响是长期的，甚至是难以恢复的。首先，产品应是我国产业政策鼓励发展的产品；其次，清洁生产还要考虑产品的包装和使用，如避免过分包装，选择无害的包装材料，运输和销售过程不对环境产生影响，产品使用安全，报废后不对环境产生影响等。

4. 污染物产生指标

除资源（消耗）指标外，另一类能反映生产过程状况的指标便是污染物产生指标。污染物产生指标较高，说明工艺比较落后或管理水平较低。通常情况下，污染物产生指标分以下三类。

（1）废水产生指标 可细分为两类，即单位产品废水产生量指标和单位产品主要水污染物产生量指标。

$$单位产品废水产生量 = 年排入环境废水总量/产品产量$$
$$单位产品 COD 产生量 = 全年 COD 产生总量/产品产量$$

（2）废气产生指标 可细分为单位产品废气产生量指标和单位产品主要大气污染物产生量指标。

$$单位产品废气产生量 = 全年废气产生总量/产品产量$$
$$单位产品 SO_2 产生量 = 全年 SO_2 产生量/产品产量$$

（3）固体废物产生指标 可简单地定义为单位产品主要固体废物产生量和单位固体废物综合利用量。

5. 废物回收利用指标

废物回收利用是清洁生产的重要组成部分，在现阶段，生产过程不可能完全避免产生废水、废料、废渣、废气（汽）、废热。然而，这些"废物"只是相对概念，在某一条件下是环境污染物，在其他条件下就可能转化为宝贵的资源。对于生产企业应尽可能地回收和利用废物，而且，应该是高等级地利用，逐步降级使用，然后再考虑末端治理。

6. 环境管理要求

环境管理可从以下五个方面提出要求，即环境法律法规标准、环境审核、废物处理处置、生产过程环境管理和相关方环境管理。

（1）环境法律法规标准：要求企业符合有关法律法规标准的要求。

（2）环境审核：按照行业清洁生产审核指南要求进行审核、按 ISO 14001 建立并运行环境管理体系、环境管理手册、程序文件，作业文件齐备。

（3）废物处理处置：要求一般废物妥善处理、危险废物无害化处理。

（4）生产过程环境管理：对生产过程中可能产生废物的环节提出要求，如要求原材料质检、消耗定额、对产品合格率有考核等，防止"跑、冒、滴、漏"等。

（5）相关方环境管理：对原料、服务、供应方等的行为提出环境要求。

三、清洁生产分析的方法

清洁生产分析方法目前主要有两类。

1. 指标对比法

根据我国已颁布的清洁生产标准，或者参照国内外同类装置的清洁生产指标，对比分析建设项目的清洁生产水平。

2. 分值评定法

先将各项清洁生产指标逐项制定分值标准，再由专家按百分制打分，然后乘以各自权重值得总分，最后再按清洁生产等级分值对比分析项目清洁生产水平。

 互动交流

说一说清洁生产分析的环境管理内容。

 相关链接

清洁生产促进经济社会绿色转型

清洁生产促进经济社会绿色转型

 复习与思考

1. 原材料可从哪几方面建立定性分析指标？
2. 清洁生产分析的方法有哪几类？

模块三　生态修复型建设项目工程分析

● 任务一　生态修复型建设项目工程概况分析 ●

　知识目标　了解生态修复型建设项目工程概况分析内容。

　能力目标　了解生态修复型建设项目主要污染物与源强分析的内容；了解生态修复型建设项目工程分析的基本概念。

　素质目标　培养生态环境保护意识。

对于一个给定的建设项目，在确定属于非污染生态影响的建设项目的基础上，有针对性地分析该建设项目的建设对局域生态环境所产生的影响。

一、工程概况

根据项目可行性研究报告或项目的可行性分析报告内容，介绍工程的名称、建设地点、性质（主要指项目是新建、改建或扩建）、规模和工程特性，并给出工程特性表。

工程的项目组成及施工布置：按工程的特点给出工程的项目组成表，说明项目建设期、运营期以及服务期满后将有哪些活动，这些不同的活动可能带来的主要环境问题。同时需要介绍工程的施工布置，并给出施工布置图。

生态修复型项目的工程分析与污染型建设项目相同，都需要介绍工程概况情况。如水电项目需介绍电站装机规模、年发电量情况、项目主体工程等，其中项目主体工程包括首部枢纽、引水系统和地下厂房系统。

二、施工规划

根据项目工程建设进度总体安排，分析项目工程施工规划的各个阶段中可能产生的生态影响，尤其需要详细介绍与生态环境保护有重大关系的规划建设内容和施工进度，以便提出和采取减轻或避免对生态环境产生影响的措施。

三、主要污染物与源强分析

根据建设项目不同时期的工程特点，确定项目建设不同时期产生的主要污染物，并相应给出废水、废气、固体废物的排放量和噪声发生源源强，同时进行产污环节分析。在此基础上，给出生产废水和生活污水的排放量以及主要污染物的排放量，废气排放源性质及排放到环境空气中的主要污染物及排放量；对于固体废物给出工程弃渣和生活垃圾的产生量；噪声则要给出主要噪声源的种类和声源强度。

四、替代方案

从有利于生态环境保护的角度出发，对项目设计书或可行性研究报告中介绍的几种工程选址和选线方案所作的比选工作内容进行分析，说明推荐方案理由。注意，比选工作不是对可研报告或设计报告内容的简单抄写，而是从环境保护的角度考虑。通过比选，首先考虑避开方案，如果无法避开，再考虑其他方案，并最终找到较合理的工程选线、选址推荐方案。

五、生态环境影响分析

通过资料分析和实地调查，包括项目工程占地类型（如湿地、滩地、林地和耕地等）和数量、植被破坏量、移民数量和水土流失量等方面，对项目建设可能造成的生态环境影响源强进行分析，尽可能给出定量数据。

 互动交流

说一说生态修复型建设项目主要污染物与源强分析的内容。

 相关链接

迈雅河湿地公园生态修复成效显

迈雅河湿地公园生态修复成效显

 复习与思考

1. 生态修复型项目工程分析的工程概况分析包括哪些内容？
2. 生态环境影响分析包括什么？

任务二　开展生态修复型建设项目工作内容

知识目标　了解生态修复型建设项目的工程组成；了解生态修复型建设项目的重点工程。

能力目标　能明确重点工程；对建设项目的所有工程活动熟悉。

素质目标　培养解决实际问题的能力。

一、工程组成

要把所有的工程活动都纳入分析中,如主体工程、配套工程、公用工程、环保工程、辅助工程、大型临时工程、储运工程等,一般应有完善的项目组成表。这些辅助工程和配套工程有以下几个方面。

1. 对外交通

水电工程的对外交通公路大多数需要新建或改扩建,有的长达数万米,需要了解其走向、占地类型与面积,匡算土石方量,了解修筑方式。有些大型项目的对外交通要单列项目进行环境影响评价,则按公路建设项目进行环境影响评价。

2. 施工道路连接

施工场地、营地,运送各种物料和土石方,都有施工道路问题。施工道路在大多数设计文件中是不具体的,经常需要在环境影响评价中作深入的调查分析。对于已设计施工道路的工程,具体说明其布线、修筑方法,主要关心是否影响到敏感保护目标,是否注意了植被保护或水土流失防治,其弃土是否进入河道等。对于尚未涉及施工道路或仅有一般设想的工程,则需明确选线原则,提出合理的修建原则与建议,尤其需给出禁止线路占用的土地或区域。

3. 料场

施工建设的料场包括土料场、石料场、砂石料场等。需明确各种料场的点位、规模、采料作业时期及方法,尤其需明确有无爆破等特殊施工方法。料场还有运输方式和运输道路等问题,如带式输送机运输、汽车运输等,根据运输量和运输方式,可估算出诸如车流密度(某点位单位时间通过车辆数或多长时间过一辆车)等数据。这也就是环境影响源的"源强"(噪声源强、干扰源强或阻隔效应源强等)。

4. 工业场地

包括工业场地布设、占地面积、主要作业内容等。一般应给出工业场地布置图,说明各项作业的具体安排,使用的主要加工设备,如碎石设备、混凝土搅拌设备、沥青搅拌设备采取的环境保护措施等。一个项目可能有若干个工业场地,需一一说明。工业场地布置在不同的位置和占用不同的土地,它的环境影响是不同的,所以在选址合理性论证中,工业场地的选址是重要的论证内容之一。

5. 施工营地

集中或单独建设的施工营地,无论大小都须纳入工程分析中。与生活营地配套建设的供热、采暖、供水、供电及炊事、环卫设施,都需一一说明。施工营地占地类型、占地面积和事后进行恢复的设计是分析的重点,都要进行环境合理性分析。

6. 弃土弃渣场

包括设置点位、每个场的弃土弃渣量、弃土弃渣方式、占地类型与数量、事后复垦或进行生态恢复的计划等。弃土弃渣场的合理选址是环境影响评价重要论证内容之一,在工程分析中应说明弃渣场坡度、径流汇集情况以及拟采取的安全设计措施和防止水土流失措施等。对于选矿和采矿工程,其弃渣尤其是尾矿库是专门的设计内容,是在一系列工程地质、水文地质工作基础上进行选择的，环境影响评价中也应作为专题进行工程分析与影响评价。

二、重点工程

主要造成环境影响的工程，应作为重点的工程分析对象，明确其名称、位置、规模、建设方案、施工方案、运营方式等。一般还应将所涉及的环境作为分析对象，因为同样的工程发生在不同的环境中，其影响作用是很不相同的。对于道路交通工程而言，其重点工程包括以下几个方面。

1. 隧道施工工程

应明确其点位、长度、单洞或双洞、土石方量、施工方式（有无施工出渣口及相应的施工道路等）、隧道弃渣利用方式与利用量、隧道弃渣点、弃渣方式、占地类型、占地面积、设计的弃渣场生态恢复措施等。

2. 大桥、特大桥建设工程

应明确其桥位（或河流名称）、长度、跨度（特别明确有无水中桥墩）、桥型、施工方式（有无单设的作业场地或施工营地）、施工作业期、材料来源、拟采用的环境保护措施等。

3. 高填方路段施工工程

应明确其分布线位，高填方路段长度与填筑高度、占地类型与面积、土方来源或取土场设置，通道或涵洞设置，设计的边坡稳定措施等。高填方路段是环境影响评价中需要论证环境可行性和合理性的路段，有时需要给出替代方案。节约占地也主要从这样的地段考虑，诸如湿地保护、基本农田保护等也常发生于这样的路段。

4. 深挖方路段施工工程

应明确其分布线位、深挖方路段长度和最大挖深、岩性或地层概况、挖方量、弃方的利用，弃土场设置（点位、弃土量、占地类型与面积、边坡稳定方案，设计的水土保持措施和生态恢复措施）等。深挖方路段也是需进行环境合理性分析的重点，其可能的环境问题有水文隔断、生物阻隔（沟堑式阻隔）、景观美学影响、边坡水土流失及弃渣占地等问题，有时还有挖方导致的地质不稳定性问题，如滑坡、塌方等。因此，深挖方路段的工程分析也是必要的。

5. 互通立交桥建设工程

应明确其桥位、桥型、占地类型与面积、土地权属、土石方量及来源、主要连接通道等。立交桥占地面积大，经常设计在平整土地或坪坝之内，占据大量良田，因而是土地利用合理性分析的重点工程，必要时需寻求替代方案。互通立交桥常有诱导地区城市化的倾向，因而不宜设立在某些环境敏感区边缘。

6. 服务区建设工程

应明确其服务区位置，占地类型与面积，服务设施或功能设计，绿化方案等。在环境影响评价中，服务区的排污问题是主要评价内容，因而对服务区的设施应有明确分析。

7. 取土场开挖工程

应明确其位置、取土场面积（占地面积）、占地类型、取土方式、取土场复垦计划等。大多数建设项目在可研阶段尚不明确取土场的设置，环境影响评价中可建议取土场设置原则，尤其需指出不宜设置取土场的地区（点）或禁止设置取土场的保护目标，并对合理设置和使用取土场、事后进行恢复的方向等提出建议。

8. 弃土场场地建设工程

应明确其隧道或深挖方路段是否会产生弃土场，山区修路尤其是路基设计在坡面上时会有大量弃土产生。弃土方式需明确，必须禁止随挖随弃的施工方式。

重点工程是在全面了解工程组成的基础上确定的。重点工程确定的方法，一是研读设计文件并结合环境现场踏勘确定；二是通过类比调查并核查设计文件确定；三是通过投资分项进行了解（列入投资核算中的所有内容）；四是从环境敏感性调查入手再反推工程，类似于影响识别的方法。特别需注意设计文件以外的工程，如水利工程的复建道路（淹没原路而修补的山区公路）、公路修建时的保通工程（草原上无保通工程会造成重大破坏）、矿区的生活建设等。

三、全过程分析

生态环境影响是一个过程，不同时期有不同的问题需要解决，因此必须进行全过程分析。一般可将全过程分为选址选线期（工程预可研期）、设计方案期（初步设计与工程设计）、建设期（施工期）、运营期和运营后期（含结束期、闭矿、设备退役和渣场封闭等）。

选址选线期在环境影响评价时一般已经完成，其工程分析内容体现在已给出的建设项目内容中。

设计期与环境影响评价基本同时进行，环境影响评价工程分析中需与设计方案编制形成一个互动的过程，不断互相反馈信息，尤其要将环境影响评价发现的设计方案环境影响问题及时提出，还可提出建议修改的内容，使设计工作及时纳入环境影响评价内容，同时需及时了解设计方案的进展与变化，并针对变化的方案进行环境合理性分析。当评价中发现选址选线在部分区域、路段或全线有重大环境不合理情况时，应提出合理的环境替代方案，对选址选线进行部分或全线调整。

施工方案一般根据规范进行设计，而规范解决的是共性问题，所以施工方案的介绍应特别关注一些特殊性问题，如可能影响环境敏感区的施工区段施工方案分析；也需注意一些非规范性的分析，如施工道路的设计、施工营地的设置等施工方案在不同的地区应有不同的要求，如在草原地带施工，机动车辆通行道路的规范化就是最重要的。

运营期的运营方式需很好说明，如水电站的调峰运行情况、矿业的采掘情况等。此种分析除重视主要问题（或主要工程活动）的分析说明外，还需关注特殊性问题，尤其是不同环境条件下特别敏感的工程活动内容。例如，旅游有季节性高峰问题，对高峰的工程设计和应急措施应明确。

设备退役、矿山闭矿、渣场封闭等后期的工程分析，虽然可能很粗疏，但对于落实环境责任是十分重要的。如果设计中缺失这部分内容，则应补充完善，应提出对未来的（后期的）污染控制、生态恢复，以及环境监测与管理方案的建议。这部分工作也可放在环境保护措施中。如果设计中已经有这部分内容，则应分析其是否全面、是否充分，肯定之或补充之。

值得注意的是工程分析与后续的环境影响识别、现状调查与评价、环境影响预测与评价是一个互相联系和互动的过程，因为工程分析虽然着眼于工程，但分析重点的确定是和工程所处的环境密切相关的。处于环境敏感区或其附近的工程必须是分析的重点，调查中发现有重要环境影响的工程内容也是进行工程分析的重点。环境影响评价是一个不断评价、不断决策的过程，是一个多次反馈、不断优化的过程。所以既不能将工程分析与其他环境影响评价程序混为一谈，也不能将工程分析与其他环境影响评价程序截然割裂，评价中需理清概念，把握各自的重点，并特别注意其过程性特点。

四、污染源分析

该分析用来明确主要污染源、污染类型、源强、排放方式和纳污环境等。污染源可能发生于施工建设阶段，也可能发生于运营期。污染源的控制要求与纳污的环境功能密切相关，因此必须同纳污环境联系起来进行分析。

大多数生态影响型建设项目的污染源强较小，影响也较小，评价等级一般是三级，可以利用类比资料，并以充足的污染防治措施为主进行分析。污染源分析一般包括以下几项。

① 锅炉（开水锅炉或出力型采暖锅炉）烟气排放量计算及拟采取的除尘降噪措施和效果说明，须明确燃料类型、消耗量。燃煤锅炉一般取 SO_2 和烟尘作为污染控制因子。

② 车辆扬尘量估算一般采用类比方法计算。

③ 生活污水排放量按人均用水量乘以用水人数（如施工人数）的 80% 计。生活污水的污染因子一般取 COD 或氨氮、BOD。

④ 工业场地废水排放量应根据不同设备逐一核算并加和。其污染因子视情况而定，砂石料清洗可取 SS，机修等取 COD 和石油类等。

⑤ 固体废物应根据设计文件给出量进行计算或核实。

⑥ 生活垃圾应根据人均垃圾产生量与人数的乘积进行计算或核实。

⑦ 土石方平衡应根据设计文件给出量计算或核实。

⑧ 矿井废水量应根据设计文件给出量计算，必要时进行重新核实。

五、其他分析

施工建设方式、运营期方式不同，都会对环境产生不同的污染，需要在工程分析时给予考虑。有些污染发生的可能性不大，一旦发生将会产生重大影响，则可作为风险问题考虑。例如，公路运输农药时，车辆可能在跨越水库或水源地时发生事故性泄漏等。

互动交流

说一说生态修复型建设项目的全过程分析。

 相关链接

"山水工程"完成生态保护修复面积超过 500 万公顷

"山水工程"完成生态保护修复面积超过 500 万公顷

 复习与思考

1. 生态修复型建设项目的工程组成包括哪些？
2. 生态修复型建设项目的重点工程有哪些？

任务三 典型生态影响型建设项目工程分析

知识目标 以水电、水利、公路等建设项目为例，了解典型生态影响型建设项目工程分析内容。

能力目标 能熟悉水电建设项目工程分析；能明确水利建设项目工程分析。

素质目标 培养解决实际问题的能力。

一、水电建设项目工程分析

以水力发电为目的的水电工程项目，包括主体工程（如库坝、发电厂房）、配套工程（如引水涵洞）、辅助工程（如对外交通、施工道路网络、各种作业场地、取土场、采石场、弃土弃渣场等）、公用工程（如生活区、水电供应设施、通信设施等）、环境保护工程（如生活污水和工业废水控制设施、绿化工程等）。评价时应该把所有工程组成纳入分析中，并进行全过程分析，主要是施工期和运营期的分析。

1. 施工期直接影响

（1）施工队伍大批进入现场，排放的生活污水和垃圾的污染。

（2）施工机械运作、清洗、漏油等排放的含油和悬浮物废水。

（3）基坑开挖和降低地下水位等操作排放含泥沙废水。

（4）施工场地清理和开辟施工机械通行道路常大片破坏地面植被，造成裸土。在降雨（特别是暴雨）时，造成土壤侵蚀，使地表水中泥沙含量陡增，严重时造成河道阻塞。如果地表受到污染，则污染物随雨水进入河道。

2. 运营期环境影响

主要是对生态用水的影响,主要包括:水库内水质发生季节性变化;均匀地减少下游进入河口的流量,可能引起盐水入侵;降低下游河段自净能力;蒸发量加大,减少下游河水流量;妨碍洄游性鱼类的生长、繁殖;促进水库内水草和浮水植物的生长等。

3. 功能协调影响

许多水电工程签订了多种功能,有些可以兼顾、有些相互矛盾。如供水与养殖、旅游、水上娱乐等功能矛盾突出,需要协调。

4. 间接影响

水库水坝修建淹没的公路、铁路、输电、通信设施需要复建,道路"上山"会造成很多问题,尤其是植被破坏、水土流失等不比施工期的少;同时,公路的开通引起的大量外地人群的涌入,可能形成新的城镇,改变区域生态结构,这就是间接影响,但影响长久而深刻。

二、水利建设项目工程分析

水利建设项目多种多样,如水利枢纽项目、灌溉项目、跨流域调水项目等,各种项目所需要进行的工程分析重点内容不同,同一类项目建在不同地区时分析的重点也有差异。进行工程分析时,都须明确工程组成、规模、空间分布、施工方式和营运方式等。

库坝型水利建设项目工程分析的要点与水电项目的类似,但影响方式可能不同,其环境影响特点是:

① 水利工程的影响是流域性或区域性;

② 调水工程的影响既涉及调出区域,又涉及调入区域;

③ 施工期和运营期的环境影响主要是直接影响,都是分析的重点,并与工程活动方式密切相关;

④ 水质保护和污染控制常是水利工程的关键问题之一,往往关系到项目的成败;

⑤ 生态用水既是新观念也是老问题,对于干旱缺水地区,确保生态用水是维持可持续发展的重要因素,应该第一是生活用水、第二是生态用水、第三是生产用水;

⑥ 因土石方工程导致的植被破坏、水土流失,因淹没占地导致的农业生态和自然生态损失,因取土场、弃土场、采石场导致的相关问题,以及施工道路、施工作业场所、施工营地等非主体工程都要纳入分析中。

三、矿业建设项目工程分析

采掘业项目的生态影响工程分析中,要把握的要点有:①工程组成全分析;②工程全过程分析;③主要影响因素分析;④环境敏感性分析;⑤污染影响及水、气环境变化对生态的影响分析。

四、公路建设项目工程分析

公路分为高速公路、一级公路、二级公路、三级公路等。高级公路的工程分析要点如下。

1. 明确工程组成及主要技术标准

包括主体工程（如路基、桥涵、隧道、立交、路面铺设等）、配套工程（如服务区、收费站、绿化工程等）、辅助工程（如取土场、弃土场、采石场、施工通道、加工作业场所如混凝土搅拌场、砂石料洗选等）、公用工程（如施工营地、供水、供电、供热、供油、汽修等）。

2. 按工程全过程分析工程活动内容与方式

包括勘探、选点选线、设计、施工、试营运与竣工验收、营运等不同时期，最重要的是施工期（如路基形成、桥涵建设、隧道贯通、路面铺设和配套工程等）和运营期（主要是噪声，其次是尾气）。

3. 明确发生主要环境影响的工程内容和点位位置，注意点段结合。

这样的点段有大桥、特大桥、长隧道、立交桥、高填段和深挖段、"三场"[取土场、弃渣场、石（沙）场]、服务区（如设置位置、占地类型、面积、营运规模及污染物产生量等）、穿越环境敏感区段（如自然保护区、风景名胜区、水源区和重要生态功能区等）。

五、农业和畜牧业建设项目工程分析

农业和畜牧业建设项目主要影响是由土地利用方式的改变或土地过度利用造成的。主要影响为：①农业过量施用化肥和农药，污水灌溉等造成对地表水体的非点源污染；②禽畜饲养业开发产生大量粪便废水污染地表水体；③过度的放牧引起草地退化、土壤侵蚀、影响水质和造成荒漠化等。

六、矿业工程分析

矿业处于自然资源开采和初加工阶段时，对水生生态和水质、水量均有影响：①水力开采作业（如淘金）改变河床结构，尾矿的排放造成淤积和水土流失、水质恶化，也使水生生物生活环境剧烈改变，导致水生生物种群量下降乃至灭绝；②尾矿堆积和河流污染造成土壤污染、侵蚀并使农作物、牲畜受害。

 互动交流

说一说公路建设项目工程分析要点。

 相关链接

加快重大项目环评审批"三本台账"效果明显

加快重大项目环评审批"三本台账"效果明显

 复习与思考

1. 水电建设项目工程分析包括哪些内容？
2. 农业和畜牧业建设项目产生的环境影响有哪些？

思政融学拓展

执环评之剑，护碧水蓝天

党的二十大报告中明确指出："大自然是人类赖以生存发展的基本条件。尊重自然、顺应自然、保护自然，是全面建设社会主义现代化国家的内在要求。必须牢固树立和践行绿水青山就是金山银山的理念，站在人与自然和谐共生的高度谋划发展"。自党的十八大以来，生态文明建设已经在思想认识、战略部署和改革举措等维度推向了历史高点，环保事业取得长足发展并正在迈向新的阶段，而新阶段的方向体现在党的二十大报告所传达的主旋律中的。早在党的十九大报告中曾指出，"必须树立和践行绿水青山就是金山银山的理念，像对待生命一样对待生态环境"。全国生态环境保护大会也明确提出要"用最严格制度最严密法治保护生态环境，加快制度创新，强化制度执行，让制度成为刚性的约束和不可触碰的高压线"。近年来，我国多项环保法律法规相继修订，对企业环保责任提出了更加严格、缜密的要求，同时加大了处罚力度。

2017年5月，环境保护执法人员对某公司进行现场检查。经查，发现该单位于2016年8月建成曳引机加工项目并投入生产，建有液压机1台、电机装配台1台、主机装配台1台、水帘喷漆房1套、烤漆房2个，其余辅助设备若干。该曳引机加工项目未依法报批环境影响评价文件，擅自开工建设。该公司违反了《中华人民共和国环境保护法》第十九条与《中华人民共和国环境影响评价法》第十六条第二款、第二十二条第一款的规定，环境保护局根据《中华人民共和国环境保护法》第六十一条与《中华人民共和国环境影响评价法》第三十一条第一款责令其改正违法行为，并作出罚款18200元的行政处罚。

2021年5月，接生态环境部西南督察局移交问题线索，宜宾市生态环境局执法人员对宜宾某公司开展现场检查，发现该公司的一个作业区散货泊位工程项目未依法报批环境影响评价文件，擅自开工建设。其行为违反了《中华人民共和国环境影响评价法》第二十五条"建设项目的环境影响评价文件未依法经审批部门审查或者审查后未予批准的，建设单位不得开工建设"的规定。宜宾市生态环境局于2021年8月16日对该公司作出罚款1677.95万元的处罚决定。

环境影响评价是一项技术，是强化环境管理的有效手段，在确定经济发展方向和保护环境等一系列重大决策上都有重要作用。环境影响评价鼓励在规划和决策中考虑环境因素，最终达到更具环境相容性的人类活动。对建设项目进行环境影响评价是我国环境管理的一项制度，也是保护环境的一种重要手段。环境影响评价就是通过详细调查，各种资料收集，然后进行分析，核实工程建设对环境的污染种类、数量、形态和排放量，制定出一个合理可靠的防治污染方案。

自 1979 年我国正式确立环境影响评价制度，环境影响评价工作成为以法律、法规和行政规章形式确定下来从而必须遵守的制度。因此，环境影响评价只是一种评价方法、评价技术，而环境影响评价制度却是进行评价的法律依据。我国的环境影响评价制度融汇于环境保护的法律法规体系之中，该体系以《中华人民共和国宪法》（以下简称《宪法》）中关于环境保护的规定为基础，以综合性环境基本法为核心，以相关法律关于环境保护的规定为补充，是由若干相互联系协调的环境保护法律、法规、规章、标准及国际条约组成的一个完整而又相对独立的法律法规体系。

《宪法》第九条规定："国家保障自然资源的合理利用，保护珍贵的动物和植物。禁止任何组织或者个人用任何手段侵占或破坏自然资源。"第十条、第二十二条等也有关于环境保护的规定。宪法的这些规定是环境保护立法的依据和指导原则。

《中华人民共和国环境保护法》是中国环境保护的综合性法，在环境保护法律体系中占有核心地位。该法共七十条，分为"总则""监督管理""保护和改善环境""防治污染和其他公害""信息公开和公众参与""法律责任"及"附则"七章。其中明确规定了环境影响评价制度的相关要求。

2002 年 10 月 28 日通过的《中华人民共和国环境影响评价法》，作为一部独特的环境保护单行法，规定了规划和建设项目环境影响评价的相关法律要求。该法将环境影响评价的范畴从建设项目扩展到规划即战略层次，力求从决策的源头防止环境污染和生态破坏，标志着我国环境与资源立法进入了一个新的阶段。

环境保护单行法是针对特定的污染防治对象或资源保护对象而制定的。它可以分为三类：第一类是自然资源保护法，如《中华人民共和国森林法》《中华人民共和国草原法》《中华人民共和国渔业法》《中华人民共和国矿产资源法》《中华人民共和国土地管理法》《中华人民共和国水法》《中华人民共和国野生动物保护法》《中华人民共和国水土保持法》《中华人民共和国气象法》等；第二类是污染防治法，如《中华人民共和国水污染防治法》《中华人民共和国大气污染防治法》《中华人民共和国固体废物污染环境防治法》《中华人民共和国噪声污染防治法》《中华人民共和国海洋环境保护法》《中华人民共和国放射性污染防治法》；第三类是其他类的法律，如《中华人民共和国清洁生产促进法》《中华人民共和国循环经济促进法》等。

环境影响评价的法律法规体系除包括以上法律外，还包括各类环境保护行政法规、环境保护部门规章、环境保护地方性法规等。环境影响评价犹如一柄利剑，为碧水蓝天提供最坚实的保护，让天更蓝、水更秀。

项目四
大气环境影响评价

模块一　大气环境影响评价要素分析

任务一　了解大气污染评价要素

 知识目标　掌握大气环境影响评价的基本内容和工作任务。

 能力目标　能理解大气环境影响评价的程序。

 素质目标　激发学生热爱自然、热爱祖国的情感。

一、大气污染的概念

由于人类活动或自然过程引起某些物质进入大气中，呈现出足够的浓度，达到了足够的时间，并因此危害了人体的舒适、健康和人们的福利，甚至危害了生态环境，这种现象就是**大气污染**。

二、大气环境影响评价的基本内容

大气环境影响评价是建设项目环境影响评价的一个重要组成部分，其目的是预测某一建设项目投产后，或某一城市或地区的规划实现以后对环境空气质量可能带来的影响程度、频率和范围等。这种影响通常将环境空气中污染物浓度的变化看作对人体健康和自然环境影响程度的参数。

大气环境影响评价的基本内容如下：

（1）进行建设项目的环境空气影响因素分析。取得源的数量、源强、源高、排放方式、排放温度、排烟速度、排污种类等有关的大气污染源参数，得到污染源治理前后的源参数变化情况，根据建设项目的规模、性质和所在区自然社会环境确定评价深度、项目和重点。

（2）区域大气污染源的调查和评价。调查评价区的主要大气污染源或特征污染源并对其作出评价。

（3）环境空气质量现状的调查和评价。通过收集资料和必要的测试得到环境空气质量现状值，并对其进行评价。

（4）收集或观测评价区的气象资料和地形数据，取得大气环境预测所必需的气象和地形资料。

（5）研究评价区的大气扩散规律，选择适用于评价区和项目大气污染物排放特征的大气扩散预测模式，并确定模式中的相关参数。

（6）预测评价区污染物浓度。模拟计算建设项目投产后或区域开发后的大气污染物浓度分布，得到浓度影响值，确定评价标准，评价预测结果。回答建设项目的现有、在建、拟建污染源是否满足达标排放的要求，项目完成后当地的环境空气质量是否能满足环境功能区的要求等。

（7）确定大气环境防护距离或卫生防护距离等。

（8）根据大气环境影响预测结果，结合项目选址对污染源排放强度与排放方式、大气污染控制措施、总量控制等方面综合进行评价，明确给出大气环境影响可行性结论，并提出改善环境空气质量的对策和建议。

三、大气环境影响评价的工作任务

通过调查、预测等手段，对项目在建设施工期、建成后运营期等阶段所排放的大气污染物对环境空气质量影响的程度、范围和频率进行分析、预测和评估，为项目的厂址选择、排污口设置、大气污染防治措施以及其他有关的工程设计、项目实施环境监测等提供科学依据或指导性意见。

较为完善的大气环境影响评价报告，应当科学严谨地回答建设项目在大气环境保护方面的以下问题：

（1）项目正常工况、非正常工况下，有组织、无组织排放污染源所排放的大气污染物排放量、排放浓度、厂界浓度、环境空气质量等能否达标；项目对周围各计算点（包括环境空气敏感区、预测范围内的网格点、区域最大地面浓度点、场界受体、高层住宅楼等）环境空气质量影响的程度、范围和频率是否可以接受。

（2）项目的厂址选择是否合理可行，并提供优选方案。

（3）项目的总图布置是否合理可行，并提供优化方案。

（4）项目设置的排气筒高度是否合理可行，并提供优化方案。

（5）项目排放的污染物受建筑物下洗、复杂风场、复杂地形等的影响是否可接受。

（6）项目的大气污染控制措施，能否保证污染源的排放符合排放标准的有关规定，最终环境影响能否符合环境功能区划要求。

（7）项目的工程设计方案能否满足大气环境保护方面的要求。

（8）项目近距离范围内环境空气保护目标，是否位于环境防护距离、卫生防护距离范围内。

（9）项目完成后污染物排放总量控制指标能否满足环境管理要求。

（10）项目运营后如何实施环境监测计划（比如排放源监测、厂界监测、环境敏感区环境空气质量监测等）。

四、大气环境影响评价的工作程序

大气环境影响评价的工作程序见图 4-1，包括三个阶段。

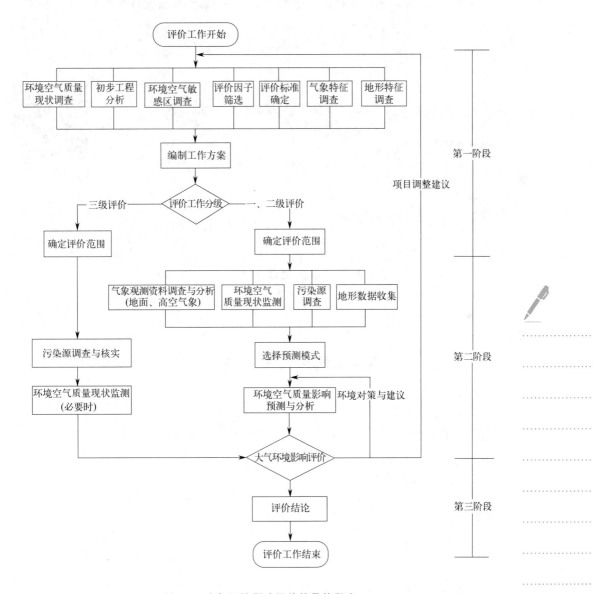

图 4-1 大气环境影响评价的具体程序

1. 第一阶段

研究有关文件，环境空气质量现状调查、初步工程分析、环境空气敏感区调查、评价因子筛选、评价标准确定、气象特征调查、地形特征调查，编制工作方案、确定评价工作等级和评价范围等。

2. 第二阶段

污染源的调查与核实、环境空气质量现状监测、气象观测资料调查与分析、地形数据收集和大气环境影响预测与评价等。

3. 第三阶段

给出大气环境影响评价结论与建议、完成环境影响评价文件的编写等。

 互动交流

大气环境影响评价是建设项目环境影响评价的一个重要组成部分，你能说一说大气环境影响评价的主要内容吗？

 相关链接

碳达峰　碳中和

碳达峰　碳中和

 复习与思考

1. 简述大气环境影响评价的工作任务。
2. 简述大气环境影响评价的工作程序。

任务二　典型大气污染源产生污染物的种类与机制

 知识目标　掌握大气污染源的基本概念；理解大气污染物的种类及来源。

 能力目标　能识别常见的大气污染源。

 素质目标　培养学生认真细致、严谨求实的工作作风。

一、大气污染源

大气污染源是指向大气排放足以对环境产生有害影响物质的生产过程、设备、物体或场所。它具有两层含义，一方面是指污染物的发生源，另一方面是指污染物来源。

大气污染源的分类，按污染源存在的形式划分有固定污染源、移动污染源；按污染物排放的方式划分有点源、面源、线源；按污染物排放的时间划分有连续源、间断源、瞬间源；按污染物产生的类型划分有工业污染源、生活污染源、交通污染源。

二、大气污染物

大气污染物指由于人类活动或自然过程排入大气的并对人和环境产生有害影响的那些物质。大气污染物的种类很多，按其存在状态可概括为气溶胶状态污染物和气体状态污染物。

1. 气溶胶状态污染物

在大气污染中，气溶胶系指固体粒子、液体粒子或它们在气体介质中的悬浮体。从大气污染控制的角度，按照气溶胶的来源和物理性质，可将其分为如下几种：

（1）总悬浮颗粒物（TSP）：用标准大容量颗粒采样器在滤膜上所收集到的颗粒物，通常称为总悬浮颗粒物，其粒径绝大多数在 $100\mu m$ 以下。TSP 是分散在大气中的各种粒子的总称，也是大气质量评价中一个通用的重要污染指标。

（2）飘尘：能在大气中长期飘浮的悬浮物质称为飘尘，主要是小于 $10\mu m$ 的微粒。飘尘粒径小，能被人直接吸入呼吸道内造成危害。飘尘能在大气中长期飘浮，易将污染物带到很远的地方，导致污染范围扩大，同时在大气中还可为化学反应提供反应床。

（3）降尘：降尘是指粒径大于 $10\mu m$ 的固体粒子，由于其自身的重力作用会很快沉降下来，所以将这部分的微粒称为降尘。单位面积的降尘量可作为评价大气污染程度的指标之一。

（4）可吸入颗粒物（IP）：美国环保局 1978 年引用密勒（Miller）等人所定的可进入呼吸道的粒径范围，把粒径 $Dr\leqslant 15\mu m$ 的粒子称为可吸入粒子。随着研究工作的不断深入，国际标准化组织（ISO）建议将 IP 定为粒径 $Dr\leqslant 10\mu m$ 的粒子，此标准已为各国科学工作者所接受。

2. 气体状态污染物

以分子状态存在的污染物，简称气态污染物。总体上可分为五大类：以 SO_2 为主的硫氧化物，以 NO、NO_2 为主的氮氧化物，碳氧化物，有机化合物及卤素化合物。

对于气态污染物，又可分为一次污染物和二次污染物。一次污染物是指直接从污染源排到大气中的原始污染物质；二次污染物是指由一次污染物与大气中已有组分或几种一次污染物之间经过一系列化学或光化学反应而生成的与一次污染物性质不同的新污染物质。在大气污染中目前受到普遍重视的一次污染物主要有硫氧化物、氮氧化物、碳氧化物以及碳氢化合物等；受到普遍重视的二次污染物主要是硫酸烟雾和光化学烟雾。

3. 气态污染物的来源和特征

（1）**硫氧化物**　硫氧化物主要来源于化石燃料的燃烧过程，以及硫化物矿石的焙烧、冶炼等热过程。硫氧化物主要为 SO_2，是目前大气污染物中数量较大、影响范围较广的一种气态污染物。

（2）**氮氧化物**　人类活动产生的氮氧化物，主要来自各种炉窑、机动车和柴油机的排气，其次是化工生产中的硝酸生产、硝化过程、炸药生产及金属表面处理等过程。

氮氧化物有 N_2O、NO、NO_2、N_2O_3、N_2O_4、N_2O_5，总称为氮氧化物（NO_x）。其中污染大气的主要是 NO、NO_2。NO 毒性不太大，但进入大气后可被缓慢地氧化成 NO_2，当大气中有 O_3 等强氧化剂存在时，或在催化剂作用下，其氧化速度会加快。NO_2 的毒性约为 NO 的 5 倍。当 NO_2 参与大气中的光化学反应，形成光化学烟雾后，其毒性更强。

（3）**碳氧化物**　碳氧化物主要来自燃料燃烧和机动车排气。CO 和 CO_2 是各种大气污染物中发生量最大的一类污染物。

（4）**有机化合物**　大气污染物中有机化合物主要来自燃料燃烧和机动车排气，以及石油炼制和有机化工生产。

挥发性有机化合物是光化学氧化剂 O_3 和过氧乙酰硝酸酯（PAN）的主要贡献者，也是温室效应的贡献者之一。

（5）**硫酸烟雾**　硫酸烟雾是大气中的 SO_2 等物质，在有水雾、含有重金属的悬浮颗粒物或氮氧化物存在时，发生一系列化学或光化学反应而生成的硫酸雾或硫酸盐气溶胶。

（6）**光化学烟雾**　光化学烟雾是在阳光照射下，大气中的氮氧化物、碳氢化合物和氧化剂之间发生一系列光化学反应而生成的蓝色烟雾，有时带些紫色或黄褐色。其主要成分有臭氧、酮类和醛类等。光化学烟雾的刺激性和危害要比一次污染物强烈得多。

 互动交流

对于气态污染物，可分为一次污染物和二次污染物。光化学烟雾是一次污染物还是二次污染物，主要是由什么原因产生的？

 相关链接

《2030 年前碳达峰行动方案》"碳达峰十大行动"

《2030 年前碳达峰行动方案》"碳达峰十大行动"

 复习与思考

1. 简述大气污染源的两层含义。
2. 什么是总悬浮颗粒物？

模块二　大气污染评价工程分析估算

任务一　掌握大气污染物产生量和排放量估算

知识目标　掌握理论烟气体积和实际烟气体积的基本概念。

能力目标　能估算工业生产废气和污染物排污量。

素质目标　培养学生认真细致、严谨求实的工作作风。

一、烟气体积计算

1. 理论烟气体积

燃料燃烧生成的高温气体叫烟气，热烟气经传热降温后再经烟道及烟囱排向大气，排出的烟气简称排烟。排烟中通常含有不饱和状态的水蒸气，排烟中的水蒸气是由燃料中的自由水、空气带入的水蒸气以及燃烧所生成的水蒸气组成，含有水蒸气的烟气称为湿烟气；不含水蒸气的烟气称为干烟气，烟气的主要成分有 CO_2、N_2、SO_2 等。

理论烟气量是指在供给理论空气量的条件下，燃料完全燃烧所产生的烟气量。理论烟气体积等于干烟气体积和水蒸气体积之和。

2. 烟气体积和密度换算

燃烧过程的温度和压力一般是在高于标准状态（273.15K，1.013×10^5 Pa）下进行的，在进行烟气体积和密度计算时，为了便于比较应换算成标准状态。大多数烟气可以视为理想气体，因此可以用理想气体的有关方程式进行换算。

设观测状态下温度为 T_s，压力为 p_s，烟气体积为 V_s，密度为 ρ_s，标准状态下温度为 T_n，压力为 p_n，密度为 ρ_n，烟气体积为 V_n，则：

$$V_n = \frac{p_s T_n V_s}{p_n T_s} \tag{4-1}$$

$$\rho_n = \frac{p_n T_s \rho_s}{p_n T_n} \tag{4-2}$$

3. 实际烟气体积

实际燃烧过程中空气是有剩余的，所以燃烧过程中的实际烟气体积应为理论烟气体积与过剩空气体积之和。

4. 燃煤设备污染物产生量和排放量的估算

燃煤设备是指工业锅炉、茶浴炉和食堂大灶。

(1) 产污量和排污量的估算 燃煤设备的产污量和排污量估算方法如下：

$$Q_1 = K_1 M_c \tag{4-3}$$

式中 Q_1——燃煤设备的产污量，kg；
K_1——燃煤设备的产污系数，kg/t；
M_c——耗煤量，t。

$$Q_2 = K_2 M_c \tag{4-4}$$

式中 Q_2——燃煤设备的排污量，kg；
K_2——燃煤设备的排污系数，kg/t；
M_c——耗煤量，t。

(2) 燃煤工业锅炉污染物的产污和排污系数

① 烟尘产污和排污系数 燃煤锅炉的产污系数与燃煤中灰分含量、燃烧方式、锅炉负荷有关；排污系数除与上述因素有关外，还与锅炉配用的各种不同类型的除尘器有关。

② 二氧化硫产污和排污系数 二氧化硫的产污系数主要取决于煤的含硫量、锅炉燃烧方式、煤在燃烧中硫的转化率。二氧化硫的排污系数与采用脱硫措施的脱硫率有关。

③ NO_x 和碳氧、碳氢化合物产污和排污系数 工业锅炉燃煤产生 NO_x 和碳氧、碳氢化合物等产污和排污系数主要依据实测数据经统计计算而定，见表4-1。

表4-1 燃煤工业锅炉 NO_x 和碳氧、碳氢化合物产污和排污系数

炉型	产污和排污系数/(kg/t)			
	CO	CO_2	碳氢化合物	NO_x
≤6t/h 层燃	2.63	2130	0.18	4.81
≥10t/h 层燃	0.78	2400	0.13	8.53
抛煤机炉	1.13	2000	0.09	5.58
循环流化床	2.07	2080	0.08	5.77
粉煤炉	1.13	2200	0.10	4.05

二、工业生产废气和污染物排污量的估算

工业生产废气和污染物的产生量和排放量估算是工业大气污染源调查的核心内容。由于大气污染源、污染物的产生和排放量受生产工艺、生产规模、装备水平、运行状态等多种因素共同决定，因此要准确估算是十分困难的，通常所称的产生量和排出量是指在某些特征条件下的平均估算值。

污染物的排放分为有组织排放和无组织排放。常用的估算方法主要有现场实测法、物料衡算法、经验估算法和类比分析法。

1. 现场实测法

现场实测法是对污染源排放废气和污染物现场实测，包括废气流量和污染物浓度

测定，以确定废气污染物的产生量和排放量。主要用于有组织排放源，而无组织排放源需要采用特殊措施才能确定。

废气样品的采集和废气流量的测定一般均在排气筒和烟道内进行。在排气筒或烟囱内部，废气中各种污染物的浓度分布和废气排放速度的分布是不均匀的，为准确测定废气中某种污染物的浓度和废气流量的大小，必须多点采样和测量，以取得平均浓度和平均流量值。样品经分析测定即可得到每个采样点的浓度值，采样截面各测量点浓度值的平均值为废气排放的平均浓度。所有测量点排放速度的平均值为废气的平均排放速度。平均排放速度与废气通过的截面积相乘为废气的流量。实测的平均浓度和实测的平均流量的乘积即为污染物的产生量或排放量，计算式如下：

$$Q = VC \tag{4-5}$$

式中　Q——单位时间内某种污染物的产生量或排放量，kg/h；

　　　C——该种污染物的实测平均浓度，kg/m³；

　　　V——废气实测平均流量，m³/h。

由于这种估算方法所需数据来自现场实测，只要测试断面选择和测点布置合理，采用的测试方法和测量仪器标准、规范，测量次数足够多，得到的污染物产生量或排放量是比较接近实际的。这种方法只能用于已建成并正在运行的有组织排放污染源。对于排放规律比较复杂的集中排放源需要分成不同工况进行测试。对于某些无组织排放源采取一些措施后也可以进行测试，但准确度要低得多。

2. 物料衡算法

物料衡算法的基础是物质守恒定律。它根据生产部门的原料、燃料、产品、生产工艺及副产品等方面的物料平衡关系来推断污染物的产生量与排放量，可以应用于有组织和无组织排放。用这种方法估算时，应对生产工艺过程及管理等方面的情况有比较深入的了解。

进行物料衡算的前提是要掌握必要的基础资料：

① 产品的生产工艺过程；

② 产品生产的化学反应式和反应条件；

③ 污染物在产品、副产品、回收物品、原料及中间体的当量关系；

④ 产品产量、纯度及原材料消耗量；

⑤ 杂质含量、回收品数量及纯度；

⑥ 产品转化率；

⑦ 污染物去除率和去除数量。

废气污染物产生量和排放量的估算模式为：

$$产生量 = B - (a+b+c) \tag{4-6}$$

$$排放量 = B - (a+b+c+d) \tag{4-7}$$

式中　B——生产过程中使用或生成的某种污染物总量，kg；

　　　a——进入主产品结构中该污染物的量，kg；

　　　b——进入副产品、回收品中该污染物的量，kg；

　　　c——在生产过程中分解、转化掉的该污染物的量，kg；

　　　d——采取净化措施处理掉的污染物的量，kg。

物料衡算法是一种理论估算方法，特别适用于很难进行现场实测以及所排污染物种类较多的污染源的估算，只要对生产工艺过程和生产管理各环节有比较深入的了解，这种方法估算的结果是比较准确的。物料衡算法是一种理论估算方法，不仅适用于建成企业，也可用于预测新建企业的估算。对于复杂生产过程，这种估算方法所需人力、物力少，费用低。这种方法成功与否关键取决于对生产工艺过程和生产管理各环节的了解、认识是否正确、全面，若出现偏差，将直接影响估算的准确程度。

3. 经验估算法

经验估算法也称为排污系数法，是根据统计得到的生产单位产品产生或排出污染物的数量，又称排污系数。国家有关部门定期公布污染物总产生量和排放量。排污系数是根据大量的实测调查结果而确定的。具体估算模式如下：

$$Q = KM \tag{4-8}$$

式中　Q——在一段时间内，某种污染物产生总量或排放总量，kg；

　　　K——产污系数或排污系数；

　　　M——在相应时间内所生产产品的数量，kg。

由此可见，用经验估算法估算污染物产生或排放量的正确与否，关键是正确确定产污系数和排污系数。

 互动交流

工业生产废气产生量和排放量的估算是工业大气污染源调查的核心内容，常用的排污量估算方法有哪些？

 相关链接

环境空气敏感区

环境空气敏感区

 复习与思考

1. 什么是理论烟气体积？
2. 进行物料衡算的前提是要掌握哪些必要的基础资料？

任务二　掌握大气扩散模型

 知识目标　理解高斯模式的基本概念。

 能力目标　能利用高斯模式估算污染物浓度。

素质目标 培养学生认真细致、严谨求实的工作作风。

通过描述污染物在大气中迁移转化规律的方程或公式,定量地模拟计算污染物浓度时空分布的数学模型称为大气扩散模型。

大气污染物在空间中的散布是在大气边界层的湍流流场中进行的,或者说其散布过程就是大气输送与扩散的结果。因此,大气扩散模式是一种用以处理大气污染物在大气中(主要是边界层内)输送、扩散和转化问题的物理和数学模型。近几十年来,气象学家们建立和发展了许多大气扩散模型,形成了种类繁多、能够处理不同条件下大气扩散问题的大气扩散模型。如针对特殊气象条件和地形的扩散模型、封闭型扩散模型、熏烟型扩散模型、山区大气扩散模型和沿海大气扩散模型。

我国大气扩散模型在我国大气环境影响、环境规划、总量控制中,一般均以高斯正态烟云模式为基础,以高斯模型为第一代大气扩散模型。

一、高斯模式的有关假定

1. 坐标系

高斯模式的坐标系如图 4-2 所示,其原点为排放点或高架源排放点在地面的投影点,x 轴正向为平均风向;y 轴在水平面上垂直于 x 轴,正向在 x 轴的左侧;z 轴垂直于水平面 xOy,向上为正向,即为右手坐标系。在这种坐标系中,烟流中心线与 x 轴重合,或在 xOy 面的投影为 x 轴。

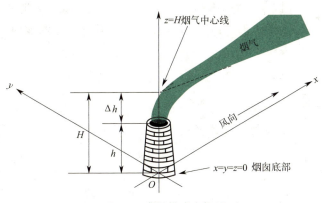

图 4-2 高斯模式坐标系

2. 四点假设

大量的实验和理论研究证明,特别是对于连续点源的平均烟流,其浓度分布是符合正态分布的。因此,可做如下假定:

(1) 污染物浓度在 y、z 轴上的分布符合高斯分布;
(2) 在全部空间中风速是均匀的、稳定的;
(3) 污染源的源强是连续的、均匀的;
(4) 在扩散过程中,污染物质量是守恒的,即污染物不发生化学反应,地面对其起全反射作用，不发生吸收和吸附作用。

二、高架连续点源的高斯扩散模式

$$\rho(x,y,z,H) = \frac{Q}{2\pi\overline{u}\sigma_y\sigma_z}\exp\left(-\frac{y^2}{2\sigma_y^2}\right)\left\{\exp\left[-\frac{(z-H)^2}{2\sigma_z^2}\right]+\exp\left[-\frac{(z+H)^2}{2\sigma_z^2}\right]\right\} \quad (4-9)$$

式中 $\rho(x,y,z,H)$——任一点污染物的浓度，mg/m^3；

　　　　Q——源强，单位时间污染源排放的污染物，mg/s；

　　　　σ_y——水平（y）方向上任一点烟气分布曲线的标准偏差，即水平扩散系数，m；

　　　　σ_z——垂直（z）方向上任一点烟气分布曲线的标准偏差，即垂直扩散系数，m；

　　　　$\overline{u}$——平均风速，m/s；

　　　　H——有效源高，m。

式(4-9)即为高架连续点源正态分布假设下的高斯扩散模式，适用于烟羽在移动方向上的扩散可以忽略的条件。若污染物的释放是连续的，释放的持续时间不小于从源扩散到中心位置所需的时间，均可认为符合假定条件。

由式(4-9)可求出下风向任一点污染物的浓度。

当 $y=0$ 时，$\rho(x,0,z,H)$ 即为烟流中心线上的污染物浓度；

当 $z=0$ 时，$\rho(x,y,0,H)$ 即为污染物的地面浓度；

当 $y=0$，$z=0$ 时，$\rho(x,0,0,H)$ 即为烟流地面中心线上的污染物浓度；

当 $z=0$，$H=0$ 时，$\rho(x,y,0,0)$ 即为地面连续点源污染物的地面浓度；

当 $y=0$，$z=0$，$H=0$ 时，$\rho(x,0,0,0)$ 即为地面连续点源地面中心线上的污染物浓度。

 互动交流

高斯公式中，烟囱的有效源高受哪些因素影响？

 相关链接

大气污染物排放总量控制和排污许可制度包括哪些内容？

大气污染物排放总量控制和排污许可制度包括哪些内容？

 复习与思考

1. 简述高斯模式的四点假设。
2. 什么是大气扩散模式？

任务三　掌握大气环境容量与总量控制

知识目标　理解大气环境容量的基本概念；掌握大气环境容量的估算方法。

能力目标　能估算大气环境容量。

素质目标　培养学生严谨求实的工作作风和岗位职业习惯。

一、大气环境容量

在给定的区域内，达到环境空气保护目标而允许排放的大气污染物总量，就是该区域该大气污染物的环境容量。特定地区的大气环境容量与许多因素有关，要考虑的因素主要有：涉及的区域范围与下垫面复杂程度；空气环境功能区划及空气环境质量保护目标；区域内污染源及其污染物排放强度的时空分布；区域大气扩散、稀释能力，以及特定污染物在大气中的转化、沉积、清除机理等。

二、大气环境容量的估算方法

由于大气污染物排放量及其造成的污染物浓度分布与污染源的位置、排放方式、排放高度和污染物的迁移、转化、扩散规律有密切关系，因此，在具体项目尚不确定的情况下，要估算区域的大气环境容量实际上具有相当大的不确定性。大气环境容量受到气象条件、大气化学过程、土地利用状况等因素的制约，同时也受制于污染源的排放结构和分布。

估算大气环境容量，可以采用模拟法、线性规划法、反演法和 $A\text{-}P$ 值法等。模拟法和线性规划法适用于规模较大、具有复杂环境功能的新建开发区，或者将进行污染治理与技术改造的现有开发区。但使用这两种方法时需要预测开发区虚拟大气污染源的排放量和排放方式。

1. 模拟法

模拟法是利用环境空气质量模型模拟开发活动所排放污染物引起的环境质量变化，验证是否会导致环境空气质量超标。如果超标，则可按等比例或按对环境质量的贡献率对相关污染源的排放量进行削减，以最终满足环境质量标准的要求。满足这个充分必要条件所对应的所有污染源排放量之和，可以作为区域的大气环境容量。

模拟法适用于规模较大、具有复杂环境功能的新建开发区，以及将进行污染治理与技术改造的现有开发区。但使用这种方法时需要通过调查和类比，了解或模拟开发区大气污染源的布局、排放量和排放方式。

运用模拟法，可按如下步骤估算开发区的大气环境容量：

(1) 对开发区进行网格化处理($i=1,2,\cdots,N;j=1,2,\cdots,M$),并按环境功能分区确定每个网格的环境质量保护目标 C_{ij}^0;

(2) 掌握开发区的空气质量现状 C_{ij}^b,确定污染物控制浓度 $C_{ij}=C_{ij}^0-C_{ij}^b$;

(3) 根据开发区发展规划和布局,利用工程分析、类比分析等方法预测污染源的分布、源强(按达标排放)和排放方式,并分别处理为点源、面源、线源;

(4) 利用《环境影响评价技术导则 大气环境》规定的环境空气质量模型或经过验证,适用于本开发区的其他环境空气质量模型,模拟所有预测污染源达标排放的情况下,对环境空气质量的影响 C_{ij}^a 和 C_{ij};

(5) 比较 C_{ij}^a 和 C_{ij}($i=1,2,\cdots,N;j=1,2,\cdots,M$),如果影响值超过控制浓度,则提出布局、产业结构或污染源控制调整方案,然后重新开始计算,直到所有点的环境影响都不大于控制浓度为止;

(6) 累计加和满足控制浓度的所有污染源的排放量,即可把这个排放量之和视为开发区的环境容量。需要指出的是,采用模拟法估算开发区大气环境容量时,应充分考虑周边发展的影响,这也是采用模拟法的优势所在。

2. 线性规划法

对于污染源布局、排放方式已确定的特定开发区,可以建立源排放和环境质量之间的输入相应关系,然后根据区域空气质量环境保护目标,采用最优化方法,便可以估算出各污染源的最大允许排放量,而各污染源最大允许排放量之和,就是给定条件下的最大环境容量。

采用线性规划法的关键是将环境容量的计算变为一个线性规划问题并求解。一般情况下,可以将不同功能区的环境质量保护目标作为约束条件,以区域污染物排放量最大化作为目标函数,建立基本的线性规划模型。这种满足功能区空气质量标准所对应的区域污染物最大排放量,可视为区域的大气环境容量。

设目标函数 $\max f(\boldsymbol{Q})=\boldsymbol{D}^T\boldsymbol{Q}$,约束条件为

$$A\boldsymbol{Q}\leqslant \boldsymbol{C}_s-\boldsymbol{C}_a\quad(\boldsymbol{Q}\geqslant 0) \tag{4-10}$$

其中:$\boldsymbol{Q}=(q_1,q_2,\cdots,q_m)^T$;$\boldsymbol{C}_s=(C_{s1},C_{s2},\cdots,C_{sn})^T$;$\boldsymbol{C}_a=(C_{a1},C_{a2},\cdots,C_{an})^T$;$\boldsymbol{D}=(d_1,d_2,\cdots,d_m)^T$;$m$ 为排放源总数;n 为环境质量控制点总数;q_i 为第 i 个污染源的排放量;C_{sj} 为第 j 个环境质量控制点的标准;C_{aj} 为第 j 个环境质量控制点的现状浓度;a_{ij} 为第 i 个污染源排放单位污染物对第 j 个环境质量控制点的浓度贡献;d_i 为第 i 个污染源的价值(权重)系数;A 为地理区域性总量控制系数。

3. A-P 值法

A-P 值法参照国家标准《制定地方大气污染物排放标准的技术方法》(GB/T 3840—91)提出的总量控制区排放总量限值计算公式,根据计算出的排放量限值及大气环境质量现状本底情况,确定出该区域可容许的排放量。

A-P 值法以环境空气质量标准为控制目标,在大气污染物扩散稀释规律的基础上,使用控制区排放总量允许限值和电源排放允许限值控制计算大气环境容量。

A 值法和 A-P 值法的优点是总量只取决于控制区面积和所在地区,缺点是考虑社会、经济因子及各种问题不细致,不适用于范围比较小的区域。

(1) A 值法 A 值法计算公式如下：

$$Q = \sum_{i=1}^{n} A(C_{si} - C_b) \frac{S_i}{\sqrt{S}} \tag{4-11}$$

式中 Q——污染物年允许排放总量限值，即理想大气容量，10^4 t/a；

  A——地理区域性总量控制系数，$10^4 \text{km}^2/\text{a}$；

  S——控制区域总面积，km^2；

  S_i——城市第 i 个分区面积，km^2；

  C_{si}——第 i 个区域某种污染物的年平均浓度限值，mg/m^3；

  C_b——控制区的本地浓度。

(2) A-P 值法 A-P 值法是最简单的大气环境容量估算方法，其特点是不需要知道污染源的布局、排放量和排放方式就可以粗略地估算指定区域的大气环境容量，对决策和提出区域总量控制指标有一定的参考价值，适用于开发区规划阶段的环境条件分析。

例如，燃料燃烧过程产生的气态大气污染物系指各种生产能源的设备燃烧矿物燃料产生的大气污染物，如飘尘、二氧化硫、氮氧化物和一氧化碳，简称大气污染物。

利用 A-P 值法估算环境容量需要掌握以下基本资料：

(1) 开发区范围和面积；

(2) 区域环境功能分区；

(3) 第 i 个功能区的面积 S_i；

(4) 第 i 个功能区的污染物控制浓度（标准浓度限值）C_i；

(5) 第 i 个功能区的污染物背景浓度 C_b^i。

在掌握以上资料的情况下，可以按如下步骤估算开发区的大气环境容量：

(1) 根据所在地区，按 GB/T 3840—1991 中的表 1 查取总量控制系数 A 值（取中值）；

(2) 确定第 i 个功能区的控制浓度（标准年平均浓度限值）$Z_{ci} = C_i^0 - C_i^h$；

(3) 确定各类功能区内某种污染物排放总量控制系数 A_{ki} 的计算式为

$$A_{ki} = AC_{ki} \tag{4-12}$$

式中 A_{ki}——第 i 功能区某种污染物排放总量控制系数，10^4 t/(a·km)；

  C_{ki}——国家和地方有关大气环境质量标准所规定的与第 i 功能区类别相对应的年日平均浓度限值，mg/m；

  A——地理区域性总量控制系数，$10^4 \text{km}^2/\text{a}$。

对于点源而言，可以通过下述方法计算各个功能分区内的点源允许排放量。

A-P 值法用来确定总量控制区内各个功能分区内的点源允许排放量。按点源的实体高度分为低架源（排气筒高度＜30 m）、中架源（100m＞排气筒高度≥30 m）、高架源（排气筒高度≥100 m）。中架点源与低架点源一般主要影响邻近区域所在功能区的大气质量，而高架点源则可以影响全控制区环境空气质量。因此在某功能区内点源调整系数为

$$\beta_i = \frac{Q_{ai} - Q_{bi}}{Q_{mi}} \tag{4-13}$$

式中 Q_{ai}——第 i 功能区大气污染物年允许排放总量，t；

Q_{bi}——第 i 功能区低架源排放的大气污染物年允许排放总量，t。

如果 $\beta_i > 1$，则取 $\beta_i = 1$。

在总控制区域内，将属于中架源的点源初始排放量相加，得到中架源的年初始允许排放量 Q_m；将属于高架源的点源初始排放量相加，得到高架源的年初始允许排放总量 Q_c；二者单位都为万吨/年。计算总量控制区内的点源调整系数为

$$\beta = \frac{Q_a - Q_b}{Q_m + Q_c} \quad (4-14)$$

如果 $\beta > 1$，则取 $\beta = 1$。

最后，各个功能区内所有点源的最终允许排放量（t/h）为：

$$Q_{pi} = PC_i \beta \beta_i 10^{-6} H_e^2 = Q_{pii} \beta \beta_i \quad (4-15)$$

式中 P——点源控制系数；

β——总量控制区内的点源调整系数；

β_i——某功能区内点源调整系数；

H_e——点源的有效高度，m；

Q_{pii}——各个功能区内所有点源的初始允许排放量，t/h；

Q_{pi}——各个功能区内所有点源的最终允许排放量，t/h。

实施点源允许排放率限制后，各功能区即可保证排放总量不超过总量。我国各地区控制系数 A、低架源分担率 a 以及点源控制系数 P 的值见表4-2。

表4-2 我国各地区总量控制系数 A、低架源分担率 a、点源控制系数 P 值

地区序号	省、自治区、直辖市	A	a	P 总量控制区	P 非总量控制区
1	新疆、西藏、海南	7.0~8.4	0.15	100~150	100~200
2	黑龙江、吉林、辽宁、内蒙古（阴山以北）	5.6~7.0	0.25	120~180	120~240
3	北京、天津、河北、河南、山东	4.2~5.6	0.15	100~180	120~240
4	内蒙古（阴山以南）、山西、陕西（秦岭以北）、宁夏、甘肃（渭河以北）	3.5~4.9	0.20	100~150	100~200
5	上海、广东、广西、湖南、湖北、江苏、浙江、安徽、海南、台湾、福建、江西	3.5~4.9	0.25	50~100	50~150
6	云南、贵州、四川、甘肃（渭河以南）、陕西（秦岭以南）	2.8~4.2	0.15	50~75	50~100
7	静风区（年平均风速<1m/s）	1.4~2.8	0.25	40~80	40~90

4. 估算大气环境容量需注意的问题

（1）用模拟法或反演法计算大气环境容量的控制条件 选择的计算模式经过模型验证后就可以代入污染物源强，按照一定的气象条件计算区域大气污染物地面浓度。这个气象条件就是模式计算的基准控制条件，也称模式的约束条件或设计条件。

气象条件的变化可以引起大气污染物浓度发生数量级的变化。用不同的气象参数组作为模式的计算条件,可能得出不同的排放量控制结论。因此,必须确定大气污染物的基准控制条件。

(2) 用 A 值法或 A-P 值法计算大气环境容量需注意的问题　用 A 值法或 A-P 值法计算大气环境容量时,需注意环境空气质量标准的选取。由于大气污染物要有稀释扩散的空间才有可能达到环境空气质量标准的要求,因此对于建成区,可取功能区标准;而对未建成区,无论被划为几类环境功能区,在计算中均应取一类区的标准。

互动交流

谈一谈估算大气环境容量时需要注意哪些问题。

相关链接

环境容量的应用

环境容量的应用

复习与思考

1. 什么是大气污染物的环境容量?
2. A-P 值法估算大气环境容量的特点有哪些?

模块三　大气环境影响评价工作基础

任务一　环境影响识别与评价因子筛选

　知识目标　掌握筛选评价因子的原则。

　能力目标　能识别环境影响因素。

　素质目标　培养学生严谨求实的工作作风和岗位职业习惯。

一、环境影响识别

在了解和分析建设项目所在区域发展规划、环境保护规划、环境功能区划及环境质量现状的基础上,分解和列出建设项目的直接和间接行为,以及可能受上述行为影响的环境要素及相关参数。根据所列建设行为和环境要素编制影响因素识别表。另外,对项目实施形成制约的关键环境因素或条件,应作为环境影响评价所关注的重点内容。

环境影响因素识别方法一般有矩阵法、网络法、GIS 支持下的叠加图法等,实践中采用最多的是矩阵法。

1. 矩阵法

矩阵法,即分别将拟进行的经济活动行为(如建设项目、区域开发或规划目标、指标以及规划方案等)与环境因素作为矩阵的行与列,并在相应位置填写用以表示行为与环境因素之间因果关系的符号、数字或文字,以识别环境影响的范围、性质、程度、时段及正负效应等的方法。

矩阵法有简单矩阵、定量的分级矩阵(即相互作用矩阵,又叫 Leopold 矩阵)、Phillip-Defillipi 改进矩阵、Welch-Lewis 三维矩阵等,可用于评价建设项目、规划筛选、规划环境影响识别、累积环境影响评价等多个环节。

矩阵法的优点包括可直观地表示交叉或因果关系,矩阵的多维性尤其有利于描述规划环境影响评价中的各种复杂关系,简单实用,内涵丰富,易于理解;缺点是不能处理间接影响和时间特征明显的影响。

环境影响矩阵识别见表 4-3。在具体环评工作中,可依据建设项目特征和区域环境敏感性,对识别表中影响因素和影响受体内容进行增减调整,也可根据建设项目在施工过程、生产运行、服务期满后等不同阶段的不同工段进行细分。识别定性时,可用"+""-"分别表示有利、不利影响;用"L""S"分别表示长期、短期影响;用"0"至"3"数值分别表示无影响、轻微影响、中等影响、重大影响等。

表 4-3 环境影响矩阵识别表

影响因素		自然环境				生态环境				社会环境				
		环境空气	地表水环境	地下水环境	土壤环境	声环境	陆域生物	水生生物	渔业资源	主要生态保护区域	农业与土地利用	居民区	特定保护区	人群健康	环境规划
施工期	施工扬尘														
	施工废水														
	施工噪声														
	渣土垃圾														
	基坑开挖														
运行期	废气排放														
	废水排放														
	噪声排放														
	固体废物														
	事故风险														

续表

影响因素		自然环境					生态环境			社会环境				
		环境空气	地表水环境	地下水环境	土壤环境	声环境	陆域生物	水生生物	渔业资源	主要生态保护区域	农业与土地利用	居民区	特定保护区	人群健康	环境规划
服务期满	废气排放														
	废水排放														
	固体废物														
	事故风险														

2. 网络法

即用网络图来表示建设项目或规划活动造成的环境影响，以及各种影响之间的因果关系的方法。多级影响逐步展开，呈树枝状，因此又称影响树。网络法可用于建设项目和规划环境影响识别，包括累积影响或间接影响。网络法主要有以下形式：

（1）因果网络法。实质是一个包含有建设项目或规划与其调整行为、行为与受影响因子以及各因子之间联系的网络图。优点是可以识别环境影响发生途径，便于依据因果联系考虑减缓及补救措施。缺点是要么过于详细，致使花费很多本来就有限的人力、物力、财力和时间去考虑不太重要或不太可能发生的影响；要么过于笼统，致使遗漏一些重要的间接影响。

（2）影响网络法。是把影响矩阵中关于经济行为与环境因子进行的综合分类，以及因果网络法中对高层次影响的清晰追踪描述结合进来，形成一个包含所有评价因子（即经济行为、环境因子和影响联系）的网络。

3. GIS 支持下的叠加图法

在 GIS 支持下，将评价区域的特征包括自然条件、社会背景、经济状况等的专题地图叠放在一起，形成一张能综合反映环境影响空间特征的地图，进行综合分析并开展经济活动环境影响识别。

叠加图法能够直观、形象、简明地表示各种单个影响和复合影响的空间分布，但无法在地图上表达源与受体的因果关系，因而无法综合评定环境影响的强度或环境因子的重要性。

二、评价因子筛选

1. 评价因子的筛选原则

依据环境影响因素识别结果，并结合区域环境质量要求或所确定的环境保护目标，筛选确定评价因子，重点关注环境制约因素。评价因子须能够反映环境影响的主要特征和区域环境的基本状况与特点，并应满足国家与地方环境保护管理的要求。

（1）选择的评价因子必须能够突出项目的特点，能反映建设项目大气环境影响的主要特征和大气环境系统的基本状况，能判断项目影响大气环境的主要因素，能预测分析和评价项目带来的主要环境问题。

（2）评价因子不应只考虑常规污染物，还应关注特征污染物。

(3) 应筛选出没有环境标准的环境影响特征因子，并参考有关标准进行评价。

(4) 对改、扩建项目及有区域替代污染源项目，还应筛选出其现有主要污染因子作为评价因子。

(5) 应特别注意对污染物排放量较小但其毒性较大的污染排放项目评价因子的筛选。

(6) 评价因子的筛选过程中，应注意区分污染因子、评价因子、监测因子和预测因子的不同含义和筛选评价要求。

由表 4-4 可见，一般情况下，确定的各因子数量关系应为：污染因子数≥监测因子数≥评价因子数≥预测因子数。对只排放特征污染物的项目，同时要求监测环境中常规污染物的情况，以总体了解项目区域的环境空气质量现状。

表 4-4 大气环境影响各因子的含义、筛选要求和评价过程

	基本含义	筛选要求和原则	评价过程
污染因子	污染因子是指建设项目或区域开发过程中，对人类生存环境造成有害影响的所有污染物的泛称，它涵盖了涉及大气环境污染的所有范畴，即生产活动产生和排放的所有大气污染物。例如对空气质量造成危害的有毒气体（如二氧化硫、氮氧化物、有机气体等）和各种粉尘颗粒等，还包括 CO_2、蒸汽、CH_4、氟利昂、H_2 等	按 HJ/T 2.1 的要求识别大气环境影响因素，分解和列出建设项目的直接和间接行为等在施工过程、生产运行、服务期满后等不同阶段产生和排放的所有污染因子。并将项目实施中形成制约的关键环境因素或条件作为环境影响评价的重点内容	环境影响因素识别，工程分析及污染源调查过程中
评价因子	评价因子是指建设项目或区域开发活动自身排放的大气污染物中，对周边环境影响较大，需要进行定量或定性分析评价的污染因子。评价因子主要为项目或区域开发排放的常规污染物及特征污染物，应包括没有环境标准的环境影响特征因子；对改、扩建项目及有区域替代污染源项目还应注意筛选出其现有主要污染因子	依据环境影响识别结果，并结合区域环境功能要求或所确定的环境保护目标，筛选确定评价因子，应重点关注环境制约因素。评价因子须能够反映环境影响的主要特征和区域环境的基本状况。	工程分析污染源调查和大气环境影响评价过程中
监测因子	监测因子是指在对建设项目或区域开发评价范围内及邻近评价范围的周边环境空气质量现状进行评价时，所需选择进行监测的污染因子，用以了解评价区环境空气质量的背景值。监测因子主要包括新建项目排放的常规污染物和特征污染物，对改、扩建项目及有区域替代污染源项目还应注意监测其现有主要污染因子的环境质量现状或厂界浓度现状值	凡项目排放的污染物属于常规污染物的应筛选为监测因子；凡项目排放的特征污染物有国家或地方环境质量标准的（含 TJ 36），应筛选为监测因子；对于没有相应环境质量标准的污染物，且属于毒性较大的，应按照实际情况，选取有代表性的污染物作为监测因子，同时应给出参考标准值和出处	环境空气质量现状监测与评价过程中
预测因子	预测因子是指大气环境影响评价因子中有环境空气质量标准且必须进行浓度预测计算以定量分析评价其环境影响的因子	预测因子应根据评价因子而定，选取有环境空气质量标准的评价因子作为预测因子	大气环境影响预测过程中

2. 评价因子的筛选

根据建设项目的特点和当地大气污染状况，进行大气环境影响评价因子的筛选。应选择建设项目等标排放量较大的污染物作为主要污染因子；应考虑在评价区内已造

成严重污染的污染物；列入国家主要污染物总量控制指标的污染物，亦应将其作为评价因子。

 互动交流

环境影响因素识别方法有矩阵法、网络法、GIS 支持下的叠加图法等，讲一讲这几种方法有哪些优缺点。

 相关链接

环境地理信息系统

环境地理信息系统

 复习与思考

1. 什么是环境影响的识别？
2. 简述评价因子筛选的原则。

任务二　评价范围与评价等级确定

 知识目标　掌握评价范围和评价等级的确定方法。

 能力目标　能确定评价范围和评价等级。

 素质目标　培养学生认真细致、严谨求实的工作作风和岗位职业习惯。

一、评价范围确定

根据项目排放污染物的最远影响范围确定项目的大气环境影响评价范围。即以排放源为中心点，以 $D_{10\%}$ 为半径的圆或 $2 \times D_{10\%}$ 为边长的矩形作为大气环境影响评价范围。当最远距离超过 25km 时，确定评价范围为半径 25km 的圆形区域，或边长 50km 矩形区域。评价范围的直径或边长一般不应小于 5km。对于以线源为主的城市道路等项目，评价范围可设定为线源中心两侧各 200m 的范围。

二、评价等级确定

1. 大气环境评价工作等级划分的原则

大气环境影响评价的工作等级可以分为一级、二级和三级。其中，一级评价最详细，二级评价次之，三级评价较简略。大气环境影响评价工作等级原则上必须以下列因素为依据进行划分。

(1) 建设项目的工程特点　主要包括工程性质、工程规模、能源和资源的使用量及类型、污染物排放特点（含排放量、排放方式、排放去向，主要污染物种类、性质、排放浓度）等。

(2) 建设项目所在地区的环境特征　主要包括自然环境特点、环境敏感程度、环境质量现状及社会经济环境状况等。

(3) 国家或地方政府所颁布的有关法规　包括环境质量标准和污染物排放标准，针对《环境影响评价技术导则　大气环境》（HJ 2.2—2018）的要求，进行大气环境影响评价工作等级的划分时，可以按以下步骤进行划分。

① 根据项目的初步工程分析结果，选择 1~3 种主要污染物。

② 分别计算每一种污染物的最大地面浓度占标率 P_i（第 i 个污染物），以及第 i 个污染物的地面浓度达到标准限值 10% 时所对应的最远距离 $D_{10\%}$，其中 P_i 定义为：

$$P_i = \frac{C_i}{C_{0i}} \times 100\% \tag{4-16}$$

式中　P_i——第 i 个污染物的最大地面浓度占标率，%；

C_i——采用估算模式计算出的第 i 个污染物的最大地面浓度，mg/m³；

C_{0i}——第 i 个污染物的环境空气质量标准，mg/m³。

③ 将几种特征污染物的最大地面浓度占标率 P_i 进行排序，取其中 P_i 最大的特征污染物，作为划分评价工作等级的依据，具体见表 4-5。

表 4-5　评价工作等级

评价工作等级	评价工作判据
一级	$P_{max} \geq 80\%$，且 $D_{10\%} \geq 5$km
二级	其他
三级	$P_{max} < 10\%$ 或 $D_{10\%} <$ 污染源矩厂界最近距离

④ 若两个及两个以上污染源排放相同污染物，则各污染源的评价等级分别确定，取最高等级为项目的评价等级。

2. 大环境评价工作等级划分的判据

将大气环境影响评价的工作等级分为一级、二级和三级的判据，主要是根据两个参数，一是最大地面浓度占标率，二是某污染物的地面浓度达到当地所要求的环境空气质量标准限值 10% 时所对应的最远距离 $D_{10\%}$。具体数值如表 4-5 所示。

在确定大气环境影响评价工作等级时，应该同时考虑以下几个方面的因素。

(1) 同一项目有多个（两个以上，含两个）污染源排放同一种污染物时，则按各污染源分别确定其评价等级，并取评价级别最高者作为项目的评价等级。

(2) 对于高耗能行业的多源（两个以上，含两个）项目，评价等级应不低于二级。

(3) 对于建成后全厂的主要污染物排放总量都有明显减少的改、扩建项目，评价等级可低于一级。

(4) 如果评价范围内包含一类环境空气质量功能区，或者评价范围内主要评价因子的环境质量已接近或超过环境质量标准，或者项目排放的污染物对人体健康或生态环境有严重危害的特殊项目，评价等级一般不低于二级。

（5）对于以城市快速路、主干路等城市道路为主的新建、扩建项目，应考虑交通线源对道路两侧的环境保护目标的影响，评价等级应不低于二级。

（6）对于公路、铁路等建设项目，应分别按建设项目沿线主要集中式排放源（如服务区、车站等大气污染源）排放的污染物计算其评价等级。

 互动交流

在确定大气环境影响评价工作等级时，应该考虑哪些因素？

 相关链接

环境空气质量功能区

环境空气质量功能区

 复习与思考

1. 如何确定评价范围？
2. 大气环境影响评价工作等级的划分依据是什么？

模块四　环境大气现状调查与评价

● 任务一　了解大气质量评价保护目标及标准 ●

 知识目标　理解大气质量评价保护目标；掌握大气质量评价标准。

 能力目标　能掌握大气质量评价标准。

 素质目标　培养学生认真细致、严谨求实的工作作风和岗位职业习惯。

一、大气质量评价保护目标

大气环境质量评价是指根据不同的目的和要求，按照一定的原则和评价标准，用一定的评价方法对大气环境质量的优劣进行定性或定量的评估。大气环境质量评价保护目标包括：确定有关大气污染物的排放目标；为大气环境质量预测、评价提供背景依据；为分析污染潜势、污染成因提供依据；有时也配合污染源调查结果为验证扩散模式的可靠性提供依据。

二、大气质量评价标准

1. 《环境影响评价技术导则　大气环境》（HJ 2.2—2018）

本标准规定了大气环境影响评价的一般性原则、内容、工作程序、方法和要求。适用于建设项目的大气环境影响评价。

本标准是对 HJ 2.2—2008 的修订。

2. 《环境空气质量标准》GB 3095—2012

本标准规定了环境空气功能区分类、标准分级、污染物项目、平均时间及浓度限值、监测方法、数据统计的有效性规定及实施与监督等内容。各省、自治区、直辖市人民政府对本标准中未作规定的污染物项目，可以制定地方环境空气质量标准。本标准中的污染物浓度均为质量浓度。本标准首次发布于 1982 年，1996 年第一次修订，2000 年第二次修订，2012 年第三次修订，2018 年第四次修订。本标准将根据国家经济社会发展状况和环境保护要求适时修订。自本标准实施之日起，《环境空气质量标准》（GB 3095—1996）、《〈环境空气质量标准〉（GB 3095—1996）修改单》（环发〔2000〕1 号）和《保护农作物的大气污染物最高允许浓度》（GB 9137—88）废止。

3. 《大气污染综合排放标准》（GB 16297—1996）

本标准规定了 33 种大气污染物的排放限值，同时规定了标准执行中的各种要求。在我国现有的国家大气污染物排放标准体系中，按照综合性排放标准与行业性排放标准不交叉执行的原则，本标准适用于尚无行业排放标准的现有污染源大气污染物排放管理，以及建设项目的环境影响评价、设计、环境保护设施竣工验收及其投产后的大气污染物排放管理。

（1）指标体系　本标准设置了三项指标：

① 通过排气筒排放的污染物最高允许排放浓度。

② 通过排气筒排放的污染物，按排气筒高度规定的最高允许排放速率。任何一个排气筒必须同时遵守上述两项指标，超过任何一项均为超标排放。

③ 以无组织方式排放的污染物，规定无组织排放的监控点及相应的监控浓度限值。

（2）排放速率标准分级　本标准规定的最高允许排放速率，现有污染源（1997 年 1 月 1 日前设立）分一、二、三级，新污染源（1997 年 1 月 1 日起设立，包括新建、改建、扩建）分为二、三级。按污染源所在的环境空气质量功能区类别，执行相应级别的排放速率标准，即：

① 位于一类区的污染源执行一级标准（一类区禁止新建、扩建污染源，一类区现有污染源改建执行现有污染源的一级标准）；

② 位于二类区的污染源执行二级标准；

③ 位于三类区的污染源执行三级标准。

（3）排气筒及排放速率相关规定

① 排气筒高度应高出周围 200m 半径范围的建筑 5m 以上，不能达到该要求的排气筒，应按其高度对应的表列排放速率 50% 执行。

② 两个排放相同污染物（不论其是否由同一生产工艺过程产生）的排气筒，若其距离小于其几何高度之和，应合并视为一根等效排气筒。

③ 若某排气筒的高度处于本标准列出的两个值之间，其执行的最高允许排放速率以内插法计算；当某排气筒的高度大于或小于本标准列出的最大或最小值时，以外推法计算其最高允许排放速率。

④ 新污染源的排气筒高度一般不应低于 15m。若新污染源的排气筒必须低于 15m 时，其排放速率标准值按外推计算结果再严格 50% 执行。

⑤ 排放氯气、氰化氢和光气的排气筒高度不应低于 25m。

4. 《锅炉大气污染物排放标准》（GB 13271—2014）

本标准规定了锅炉烟气中颗粒物、二氧化硫、氮氧化物、汞及其化合物的最高允许排放浓度限值和烟气黑度限值，相对于 GB 13271—2001，2014 年修订的新标准（GB 13271—2014）修订主要内容如下：

① 增加了燃煤锅炉氮氧化物和汞及其化合物的排放限值；

② 规定了大气污染物特别排放限值；

③ 取消了按功能区和锅炉容量执行不同排放限值的规定；

④ 取消了燃煤锅炉烟尘初始排放浓度限值；

⑤ 提高了各项污染物排放控制要求。

本标准适用于以燃煤、燃油和燃气为燃料的单台出力 65t/h 及以下蒸汽锅炉、各种容量的热水锅炉及有机热载体锅炉；各种容量的层燃炉、抛煤机炉。

使用型煤、水煤浆、煤矸石、石油焦、油页岩、生物质成型燃料等的锅炉，参照本标准中燃煤锅炉排放控制要求执行。

本标准不适用于以生活垃圾、危险废物为燃料的锅炉。

本标准适用于在用锅炉的大气污染物排放管理，以及锅炉建设项目环境影响评价、环境保护实施设计、竣工环境保护验收及其投产后的大气污染物排放管理。

本标准适用于法律允许的污染物排放行为；新设立污染源的选址和特殊保护区域内现有污染源的管理，按照《中华人民共和国大气污染防治法》《中华人民共和国水污染防治法》《中华人民共和国海洋环境保护法》《中华人民共和国固体废物污染环境防治法》《中华人民共和国放射性污染防治法》《中华人民共和国环境影响评价法》等法律、法规、规章的相关规定执行。

 互动交流

《环境影响评价技术导则 大气环境》（HJ 2.2—2018）是对 HJ 2.2—2008 的修订，讲一讲主要修订内容有哪些。

相关链接

2022年全国环境空气状况

 复习与思考

1. 环境空气质量标准规定了哪些主要内容？
2. 大气环境质量评价的目的是什么？

2022年全国环境空气状况

任务二　开展大气污染源调查

 知识目标　理解大气污染源调查的对象；掌握大气污染源调查的内容。

 能力目标　能进行大气污染源调查。

 素质目标　培养学生认真细致、严谨求实的工作作风和岗位职业习惯。

一、污染源调查对象

大气污染源调查与分析对象包括项目的所有污染源（改扩建项目包括新、老污染源）、评价范围内与项目排放污染物有关的其他在建项目、已经获得批复环境影响评价文件的拟建项目等污染源。如有区域替代方案，还应调查评价范围内所有的拟替代污染源。三级评价项目可只调查分析项目污染源。

二、污染源调查内容

（1）满负荷排放下，按分厂或车间逐一统计各有组织排放源和无组织排放源的主要污染物排放量。

（2）对毒性较大的污染物应估计其非正常排放量，对于周期性排放的污染源，应按照季节、月份、星期、日或小时等给出周期性排放系数。

（3）对于改、扩建项目，应给出现有工程排放量、扩建工程排放量以及现有工程经改造后的污染物预测消减量等三个数值，并以此计算最终排放量。

（4）点源参数调查清单包括以下几个方面：

① 排气筒底部中心坐标及海拔高度（m）；

② 排气筒几何高度（m）及排气筒出口内径（m）；

③ 烟气出口速度（m/s）；

④ 排气筒出口处烟气温度（K）；

⑤ 各主要污染物正常排放速率（g/s），排放工况及年排放小时数；

⑥ 毒性较大物质的非正常排放速率（g/s），排放工况及年排放小时数。

(5) 线源参数调查清单包括以下几个方面：

① 线源几何尺寸，线源距地面高度（m）、道路宽度（m）、街道街谷高度（m）；

② 各种车型的污染物排放速率[g/(km·s)]；

③ 平均车速（km/h）、各时段车流量（辆/h）、车型比例。

(6) 面源参数调查清单包括以下几个方面：

① 面源起始点坐标及所在位置的海拔高度（m）；

② 面源初始排放高度（m）；

③ 各主要污染物正常排放速率（g/s）、排放工况及年排放小时数；

④ 矩形面源的初始点坐标，面源的长度、宽度及其与正北方向逆时针的夹角；

⑤ 多边形面源的顶点数或边数以及各顶点坐标；

⑥ 近圆形面源的中心坐标、近圆形半径、近圆形顶点数或边数。

(7) 体源参数调查清单包括以下几个方面：

① 体源中心点坐标及所在位置的海拔高度（m）；

② 体源高度（m）；

③ 体源排放速率（g/s）、排放工况及年排放小时数；

④ 将体源划分为多个正方形后，正方形的边长（m）；

⑤ 初始横向扩散参数（m）、初始垂直扩散参数（m）。

(8) 在考虑由于周围建筑物引起的空气扰动而导致地面局部高浓度的现象时，需要根据所选预测模式的需要，按相应要求的内容调查建筑物下洗参数。

(9) 颗粒物粒径分布调查清单包括颗粒物粒径分级（最多不超过 20 级）、颗粒物的分级粒径（μm）、各级颗粒物的质量密度（g/cm）以及各级颗粒物所占的质量比（0~1）。

二级评价项目污染源调查内容参照一级评价项目执行，可适当从简。三级评价项目可只调查 (1)、(2)、(3)，并对估算模式中的污染源参数进行核实。

 互动交流

想一想，为什么要开展大气污染源调查？

 相关链接

大气环境影响评价技术导则

大气环境影响评价技术导则

 复习与思考

1. 简述污染源调查的对象。
2. 简述污染源调查包括哪些内容。

任务三 环境大气质量现状调查与评价

 知识目标 理解大气质量现状调查的目的；掌握大气质量现状调查的方法与原则。

 能力目标 能进行大气质量现状调查。

 素质目标 培养学生虚心学习、热爱思考的意识。

一、调查与评价的目的

（1）查清评价区的环境空气质量现状及其形成原因。

（2）取得影响预测与评价所需的背景数据，为影响预测提供用于叠加计算所需的背景值。

二、方法与原则

现状调查可以通过收集检测资料和进行现场监测的方式进行。可根据项目的具体情况和评价等级对数据的要求选择调查方法。对监测资料进行统计时，涉及 GB 3095 中污染物的统计内容与要求应符合该标准中各项污染物数据统计的有效性规定；进行现场监测时，监测方法的选择应首先选用国家环保主管部门发布的标准监测方法，对尚未制定环境标准的非常规大气污染物，应尽可能参考 ISO 等国际组织和国内外相应的监测方法，并在环评文件中对该方法的适用性及其引用依据进行详细的介绍。

1. 环境空气现有监测资料分析

收集监测资料包括收集评价范围内及邻近评价范围的各个例行空气质量监测点近 3 年与项目有关的监测资料和收集近 3 年与项目有关的历史监测资料。如果评价区内及其界外区已设有常规大气监测点，应尽可能收集和充分利用这些点的例行监测资料，统计分析各点各季的主要污染物浓度值，对照各污染物有关的环境质量标准，分析其长期质量浓度（年平均质量浓度、季平均质量浓度、月平均质量浓度）、短期质量浓度（日平均质量浓度、小时平均质量浓度）的达标情况。若结果出现超标，应分析其超标率、最大超标倍数以及超标原因。根据收集到的资料对评价范围内的污染水平和变化趋势进行总体分析。

2. 环境空气现状监测

为获得评价项目的详细信息，对大气环境状况有更进一步的了解，还需根据该项目评价的要求制订详细的环境空气质量监测方案并进行现场监测。监测范围主要限于评价区内，需要监测的项目可根据大气污染源调查中筛选的主要污染因子，同时考虑评价区污染现状确定。环境空气现状监测除为预测和评价提供背景数据外，其监测结果还可用于以下两个方面：①结合同步观测的气象资料和污染源资料验证或调试某些预测模式，获得可信的环境参数；②为该地区例行监测点的优化布局提供依据。

 互动交流

谈一谈，如何对环境空气现有监测资料分析？

 相关链接

2023 年 3 月和 1～3 月全国环境空气质量状况

2023 年 3 月和 1～3 月全国环境空气质量状况

 复习与思考

1. 简述现状调查与评价的目的。
2. 环境空气现状监测的监测结果可用于哪些方面？

模块五　大气环境影响预测与评价

● 任务一　了解预测因子、范围与预测周期 ●

 知识目标　理解大气环境影响预测的目的；掌握大气环境影响预测的步骤。

 能力目标　能熟练掌握大气环境影响预测过程。

 素质目标　培养学生认真细致、严谨求实的工作作风和岗位职业习惯。

一、大气环境影响预测的目的

大气环境影响预测的主要目的是为建设项目在建设期或运行期对大气环境的影响评价提供可靠和定量的基础数据。预测工作通常是在工程分析、环境大气质量现状调查及区域气象调查的基础上，根据建设项目的工程特点和大气环境影响评价工作等级，在建设项目对评价范围内大气环境的影响方面进行预测与评价。具体有以下几点：
① 了解建设项目建成以后对大气环境质量影响的程度和范围；
② 比较各种建设方案对大气环境质量的影响；
③ 各类或各个污染源对任一点污染物浓度的贡献；
④ 优化城市或区域的污染源布局以及对其实行总量控制；
⑤ 从景观生态与人文生态的敏感对象上，预测和评估其可能发生的风险影响及出现的频率与风险程度，寻求最佳预防对策方案。

二、大气环境影响预测的步骤

大气环境影响预测的前提是必须掌握评价区域内的污染源源强、排放方式和布局等有关污染排放的参数，同时还须掌握评价区域内大气传输与迁移扩散规律等。大气环境影响预测的步骤如下。

1. 确定预测因子

预测因子应根据评价因子而定，一般选取有环境空气质量标准的评价因子作为预测因子。对于项目排放的特征污染物也应选择有代表性的作为预测因子。此外，如果评价区域内某种污染物浓度已经超标，建设项目也排放此污染物，即使排放量较低，也应该在预测因子中予以考虑。

2. 确定预测范围

预测范围至少应覆盖整个评价范围，同时还应考虑污染源的排放高度、评价范围的主导风向、地形和周围环境空气敏感区的位置等，并进行适当调整。此外，在计算污染源对评价范围的影响时，一般取东西向为 X 坐标轴、南北向为 Y 坐标轴，项目位于预测范围的中心区域。

3. 确定计算点

计算点可分环境空气敏感区、预测范围内的网格点以及区域最大地面浓度点这三类。

（1）应选择环境空气敏感区中的所有环境空气保护目标作为计算点。

（2）预测网格点的分布应具有足够的分辨率以尽可能精确预测污染源对评价范围的最大影响，预测网格可以根据具体情况采用直角坐标网格或极坐标网格，并应覆盖整个评价范围。

（3）区域最大地面浓度点的预测网格设置，应依据计算出的网格点浓度分布而定，在高浓度分布区，计算点间距应不大于 50m，一般考虑"近密远疏法"。

4. 确定污染源参数

污染源参数应按点源、面源、体源和线源源强分别统计。

点源参数包括排气筒底部坐标及海拔高度、排气筒高度及其内径、烟气出口速度及出口温度、年排放时数、排放工况、排放源强等；面源参数包括面源位置的坐标、尺寸、海拔高度、初始排放高度、年排放时数、排放工况、排放源强等；线源参数包括分段坐标、道路高度及宽度、平均车速、车流量、车型比例、各车型污染物排放速率等。对于排放颗粒污染物的还要调查颗粒物的粒径分布情况。体源参数包括体源中心点坐标、体源所在位置的海拔高度、体源高度、排放速率、排放工况等。

5. 确定气象条件

计算小时平均质量浓度需采用长期气象条件，进行逐时或逐次计算。选择污染最严重的（针对所有计算点）小时气象条件和对各种环境空气保护目标影响最大的若干个小时气象条件（可视对各种环境空气敏感区的影响程度而定）作为典型小时气象条件。

计算日平均质量浓度需采用长期气象条件，进行逐日平均计算。选择污染最严重的（针对所有计算点）日气象条件和对各种环境空气保护目标影响最大的若干个日气象条件（可视对各种环境空气敏感区的影响程度而定）作为典型日气象条件。

6. 确定地形数据

在非平坦的评价范围内，地形的起伏对污染物的传输、扩散会有一定的影响。对于复杂地形下的污染物扩散模拟需要输入地形数据。根据《环境影响评价技术导则 大气环境》的规定：距污染源中心点 5 km 内的地形高度（不含建筑物）等于或超过排气筒高度时，定义为复杂地形。如果评价区域属于复杂地形，应根据需要收集地形数据。此外，地形数据的来源应予以说明，地形数据的精度应结合评价范围及预测网格点的设置进行合理选择。

7. 确定预测内容和设定预测情景

大气环境影响预测的内容根据评价工作等级和项目的特点来确定，预测情景根据预测内容而定，一般考虑污染类别、排放方案、预测因子、气象条件和计算点这五个方面的内容。

8. 选择预测模式

采用推荐模式清单中的模式进行预测，并说明选择模式的理由。推荐模式清单包括估算模式、进一步预测模式和大气环境防护距离计算模式等。选择模式时，应结合模式的适用范围和对参数的要求进行合理选择。如果使用非导则推荐清单中的模式，则需要提供模式技术说明和验算结果。

9. 确定模式中的相关参数

针对不同的区域特征以及不同的污染物、预测范围和预测时段，对模式参数进行分析比较，合理选择模式中的相关参数，并简要说明选择确定的理由以保证参数选择的合理性。

10. 进行大气环境影响预测与评价

根据选择的大气污染扩散模式，代入模式参数，针对各种工况分别进行计算，并对得出的预测浓度值与相应的评价标准值进行比较，评价其是否超标。若超标则计算超标率、超标倍数等，且要根据具体影响分析超标的具体原因，将需要达标可采取的措施加入后重新计算结果，直到采取的措施有效，同时进行大气环境影响预测分析与评价。

三、预测周期

选取评价基准年作为预测周期，预测时段取连续 1 年。选用网络模型模拟二次污染物的环境影响时,预测时段应至少选取评价基准年的 1、4、7、10 月。

 互动交流

地形的起伏会对污染物的传输和扩散产生影响,谈一谈如何确定地形数据。

 相关链接

什么是大气环境影响预测?

什么是大气环境影响预测?

 复习与思考

1. 大气环境影响预测的目的是什么?
2. 如何确定预测因子?

任务二 设计预测计划、模式与参数选择

 知识目标 了解大气环境影响常用模式;掌握大气环境影响预测参数确定的注意事项。

 能力目标 能根据具体情况进行大气预测模式选择。

 素质目标 培养学生虚心学习、热爱思考的意识。

一、大气环境影响预测模式

采用《环境影响评价技术导则 大气环境》推荐模式清单中的模式进行预测,并说明选择模式的理由。选择模式时,应结合模式的适用范围和对参数的要求进行合理选择。

1. 估算模式

估算模式是一种单源预测模式,可计算点源、面源和体源等污染源的最大地面浓度,以及建筑物下洗和熏烟等特殊条件下的最大地面浓度。模式中嵌入了多种预设的气象组合条件,包括一些最不利的气象条件,此类气象条件在某个地区可能发生,也有可能不发生。

2. 进一步预测模式

主要包括 AERMOD 模式系统、ADMS 模式系统、CALPUFF 模式系统等,各

模式适用范围见表 4-6。

表 4-6 推荐模式一般适用范围

分类	AERMOD	ADMS	CALPUFF
适用评价等级	一级、二级	一级、二级	一级、二级
适用污染源类型	点、面、体	点、线、面、体	点、线、面、体
适用评价范围	≤50km	≤50km	>50km
对气象数据最低要求	地面气象数据及对应高空气象数据	地面气象数据	地面气象数据及对应高空气象数据
适用地形及风场条件	简单地形、复杂地形	简单地形、复杂地形	简单地形、复杂地形、复杂风场
模拟污染物	气态污染物、颗粒物	气态污染物、颗粒物	气态污染物、颗粒物、恶臭、能见度
其他	街谷模式		长时间静风、岸边熏烟

二、大气环境影响预测参数的确定

（1）在进行大气环境影响预测时，应对预测模式中的有关参数进行说明。

（2）在对 SO_2、NO_2 的预测中，应考虑其化学转化。

① 在计算 1 小时平均质量浓度时，可不考虑 SO_2 的转化；在计算日平均或更长时间平均质量浓度时，应考虑化学转化。SO_2 转化可取半衰期为 4h。

② 对于一般的燃烧设备，在计算小时或日平均质量浓度时，可以假定 $Q(NO_2)/Q(NO_x)=0.9$；在计算年平均质量浓度时，可以假定 $Q(NO_2)/Q(NO_x)=0.75$。在计算机动车排放 NO_2 和 NO_x 比例时，应根据实际情况而定。

（3）在颗粒物的预测中，应考虑重力沉降的影响。

 互动交流

谈一谈大气环境影响预测参数的确定要注意哪些问题。

 相关链接

我国已成为全球大气质量改善速度最快的国家

我国已成为全球大气质量改善速度最快的国家

 复习与思考

1. 什么是估算模式？
2. 进一步预测模式包括哪些模式？

任务三　开展评价预测、总结评价结论与建议

 知识目标　掌握大气环境防护距离的基本概念。

 能力目标　能掌握给出大气环境影响可行性结论情况。

 素质目标　培养学生严谨求实的工作作风和岗位职业习惯。

一、大气环境防护距离

大气环境防护距离是指为保护人群健康，减少正常排放条件下大气污染物对居住区的环境影响，在项目厂界以外设置的环境防护距离。一般采用导则推荐模式中的大气环境防护距离模式进行计算。当无组织源排放多种污染物时，应按不同污染物分别计算，其大气环境防护距离按计算结果的最大值来确定；对属于同一生产单元（生产区、车间或工段）的无组织排放源，应合并作为单一面源计算并确定其大气环境防护距离，在控制距离内不应有长期居住的人群。

二、结论

结合项目选址、污染源的排放强度与排放方式、大气污染控制措施以及总量控制等方面综合进行评价，明确给出大气环境影响可行性结论。

1. 应做出"可以满足大气环境保护目标要求"的结论的情况

（1）建设项目在实施过程中的不同生产阶段除很小范围以外，大气环境质量均能达到预定要求，而且大气污染物排放量符合区域污染物总量控制的要求。

（2）在建设项目实施过程的某个阶段，非主要的个别大气污染物参数在较大范围内不能达到预定的标准要求，但采取一定的环保措施后可以满足要求。

2. 应做出"不能满足大气环境保护目标要求"的结论的情况

（1）大气环境现状已"不能满足大气环境保护目标要求"。

（2）要求的污染削减量过大而导致削减措施在技术、经济上明显不合理。

有些情况不能做出明确的结论，如建设项目大气环境的某些方面起了恶化作用的同时又改善了其他某些方面，则应说明建设项目对大气环境的正、负影响程度及其评价结果。

需要在评价结果中确定建设项目与大气环境有关部分的方案比较时，应在结论中确定推荐方案，并说明理由。

三、建议

制定的大气污染控制措施必须保证污染源的排放符合排放标准的有关规定，力求

减轻建设项目对大气环境质量的不良影响,并使环境效益、社会效益、经济效益达到统一。

1. 污染治理措施

根据国家相关政策、经济条件和技术水平,对项目拟采取的环保措施进行综合分析,论证其技术可行性、经济合理性及达标排放的可靠性,并给出优化调整的建议及方案。

2. 综合防治措施

根据区域存在的环境问题以及拟建项目可能产生的污染等实际情况,从调整工艺、制定环保措施等方式入手,确保污染源的排放符合排放标准的有关规定,同时满足区域环境质量符合环境功能区划的要求。常用的综合防治措施有绿化措施、改革工艺、改变能源结构、调整工业布局、区域污染物整治、削减区域污染物排放总量等。

 互动交流

谈一谈你对大气污染综合防治的理解。

 相关链接

大气污染综合防治措施

大气污染综合防治措施

 复习与思考

1. 如何确定大气环境防护距离?
2. 简述应做出"可以满足大气环境保护目标要求"的结论的情况。

项目五
地表水环境影响评价

模块一　地表水环境影响评价要素分析

任务一　地表水污染评价要素

 知识目标　了解地表水污染评价相关概念；了解地表水污染评价要素。

 能力目标　能理清地表水环境影响评价基本任务；能明确地表水环境影响评价基本要求。

 素质目标　践行社会主义核心价值观，具有水资源保护意识。

一、基本概念

1. 地表水

地表水是指存在于陆地表面的河流（江河、运河及渠道）、湖泊、水库等地表水体以及入海河口和近岸海域。

2. 水环境保护目标

饮用水水源保护区、饮用水取水口，涉水的自然保护区、风景名胜区，重要湿地、重点保护与珍稀水生生物的栖息地、重要水生生物的自然产卵场及索饵场、越冬场和洄游通道，天然渔场等渔业水体，以及水产种质资源保护区等。

3. 水污染当量

根据污染物或者污染排放活动对地表水环境的有害程度以及处理的技术经济性，衡量不同污染物对地表水环境污染的综合性指标或者计量单位。

4. 控制单元

综合考虑水体、汇水范围和控制断面三要素而划定的水环境空间管控单元。

5. 生态流量

满足河流、湖库生态保护要求、维持生态系统结构和功能所需要的流量（水位）与过程。

6. 安全余量

考虑污染负荷和受纳水体水环境质量之间关系的不确定因素，为保障受纳水体水环境质量改善目标安全而预留的负荷量。

二、地表水环境影响评价基本任务

在调查和分析评价范围地表水环境质量现状与水环境保护目标的基础上，预测和评价建设项目对地表水环境质量、水环境功能区、水功能区或水环境保护目标及水环境控制单元的影响范围与影响程度，提出相应的环境保护措施、环境管理要求与监测计划，明确给出地表水环境影响是否可接受的结论。

三、地表水环境影响评价基本要求

（1）建设项目的地表水环境影响主要包括水污染影响与水文要素影响。根据其主要影响，建设项目的地表水环境影响评价划分为水污染影响型、水文要素影响型以及两者兼有的复合影响型。

（2）地表水环境影响评价应按《环境影响评价技术导则　地表水环境》(HJ 2.3—2018）规定的评价等级开展相应的评价工作。建设项目评价等级分为三级。复合影响型建设项目的评价工作，应按类别分别确定评价等级并开展评价工作。

（3）建设项目排放水污染物应符合国家或地方水污染物排放标准要求，同时应满足受纳水体环境质量管理要求，并与排污许可管理制度相关要求衔接。水文要素影响型建设项目，还应满足生态流量的相关要求。

四、地表水环境影响评价工作程序

《环境影响评价技术导则　地表水环境》(HJ 2.3—2018）规定了地表水环境影响评价的工作程序，如图 5-1 所示，一般分为三个阶段。

第一阶段，研究有关文件，进行工程方案和环境影响的初步分析，开展区域环境状况的初步调查，明确水环境功能区或水功能区管理要求，识别主要环境影响，确定评价类别。根据不同评价类别，进一步筛选评价因子，确定评价等级与评价范围，明确评价标准、评价重点和水环境保护目标。

第二阶段，根据评价类别、评价等级及评价范围等，开展与地表水环境影响评价相关的污染源、水环境质量现状、水文水资源与水环境保护目标调查与评价，必要时开展补充监测；选择适合的预测模型，开展地表水环境影响预测评价，分析与评价建设项目对地表水环境质量、水文要素及水环境保护目标的影响范围与程度，在此基础上核算建设项目的污染源排放量、生态流量等。

第三阶段，根据建设项目地表水环境影响预测与评价的结果，制定地表水环境保护措施，开展地表水环境保护措施的有效性评价，编制地表水环境监测计划，给出建设项目污染物排放清单和地表水环境影响评价的结论,完成环境影响评价文件的编写。

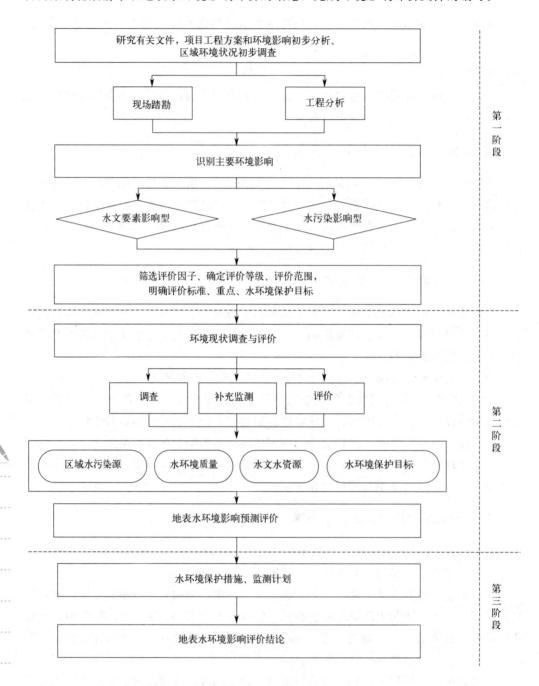

图 5-1 地表水环境影响评价工作程序

 互动交流

说一说地表水环境影响评价工作程序。

相关链接

5 部门联合印发规划 推动重点流域水生态环境保护

5 部门联合印发规划
推动重点流域水生态
环境保护

复习与思考

1. 地表水环境影响评价基本任务是什么？
2. 地表水环境影响评价基本要求有哪些？

任务二　典型地表水污染源产生污染物种类与机制

 知识目标　了解地表水污染源产生污染物种类；了解地表水污染物的特点。

 能力目标　能熟悉地表水污染的来源；能明确地表水污染物的种类。

 素质目标　培养自觉保护水资源的意识。

一、地表水污染的来源

随着社会的进步、科技越来越来发达，造成水体污染的原因也越来越多，甚至会危害环境及人体健康，污染的主要来源有以下几方面：

1. 工业废水

工业废水是世界范围内污染的主要原因。工业生产过程的各个环节都可产生废水。影响较大的工业废水主要来自冶金、电镀、造纸、印染、制革等企业。

2. 生活污水

生活污水是指人们日常生活的洗涤废水和粪尿污水等。来自医疗单位的污水是一类特殊的生活污水，主要危害是引起肠道传染病。

3. 农业污水

主要是含氮、磷、钾、有机物及人畜肠道病原体等的化肥、农药、粪尿等。

4. 其他

工业生产过程中产生的固体废弃物含有大量易溶于水的无机和有机物，受雨水冲淋造成水体污染。

二、地表水污染物种类

地表水污染物包括有机耗氧污染物、一般有机污染物、酸碱污染物、热污染、悬浮物、植物营养物等。

1. 有机耗氧污染物

在生活污水、食品加工和造纸等工业废水中，含有碳水化合物、蛋白质、油脂、木质素等有机物质。这些物质以悬浮或溶解状态存在于污水中，可通过微生物的生物化学作用而分解。在其分解过程中需要消耗氧气，因而被称为耗氧污染物。这种污染物可造成水中溶解氧减少，影响鱼类和其他水生生物的生长。水中溶解氧耗尽后，有机物进行厌氧分解，产生硫化氢、氨和硫醇等难闻气味，使水质进一步恶化。

2. 石油类污染物

石油污染是水体污染的重要类型之一，特别在河口、近海水域更为突出。石油是烷烃、烯烃和芳香烃的混合物，进入水体后的危害是多方面的。如在水上形成油膜，能阻碍水体复氧作用，油类黏附在鱼鳃上，可使鱼窒息；黏附在藻类、浮游生物上，可使它们死亡。油类会抑制水鸟产卵和孵化，严重时使鸟类大量死亡。石油污染还能使水产品质量降低。

3. 无机污染物

无机污染物按污染机制又可分为酸碱盐类无机污染物及植物营养物。各种酸、碱、盐等无机物进入水体（酸、碱中和生成盐，它们与水体中某些矿物相互作用产生某些盐类），使淡水资源的矿化度提高，影响各种用水水质。盐污染主要来自生活污水和工矿废水以及某些工业废渣。

植物营养物主要指氮、磷等能刺激藻类及水草生长、干扰水质净化，使 BOD_5 升高的物质。水体中营养物质过量所造成的富营养化对于湖泊及流动缓慢的水体所造成的危害已成为水源保护的严重问题。植物营养物质的来源广、数量大，有生活污水（有机质、洗涤剂）、农业（化肥、农家肥）、工业废水、垃圾等。每人每天带进污水中的氮约50g。生活污水中的磷主要来源于洗涤废水，而施入农田的化肥有50%~80%流入江、河、湖、海和地下水体中。藻类及其他浮游生物残体在腐烂过程中，又把生物所需的氮、磷等营养物质释放到水中，供新的一代藻类等生物利用。因此，水体富营养化后，即使切断外界营养物质的来源，也很难自净和恢复到正常水平。水体富养化严重时，湖泊可被某些水生植物及其残骸淤塞，成为沼泽甚至干地。局部海区可变成"死海"，或出现"赤潮"现象。

4. 有毒污染物

有毒污染物主要指的是重金属及难分解的有机污染物等。污染物的毒性与摄入机体内的数量、存在形态等有密切关系。价态或形态不同，其毒性可以有很大的差异。如 Cr(Ⅵ) 的毒性比 Cr(Ⅲ) 大；As(Ⅲ) 的毒性比 As(Ⅴ) 大；甲基汞的毒性比无机汞大得多。

5. 放射性污染物

放射性污染是放射性物质进入水体后造成的。放射性污染物主要来源于核动力工厂排出的冷却水，向海洋投弃的放射性废物，核爆炸降落到水体的散落物，核动力船舶事故泄漏的核燃料；开采、提炼和使用放射性物质时，如果处理不当，也会造成放射性污染。水体中的放射性污染物可以附着在生物体表面,也可以进入生物体蓄积起来,还可通过食物链对人产生内照射。

6. 热污染

热污染是一种能量污染,是工矿企业向水体排放高温废水造成的。水生生物生长都有一个最佳的水温区间。水温过高或过低都不适合水生生物生长,甚至会导致死亡。一些热电厂及各种工业过程中的冷却水,若不采取措施,直接排放到水体中,均可使水温升高,水中化学反应、生化反应的速度随之加快,使某些有毒物质(如氰化物、重金属离子等)的毒性提高,溶解氧减少,影响鱼类的生存和繁殖,加速某些细菌的繁殖,助长水草丛生,厌气发酵,产生恶臭气体。

7. 病原微生物

来自生活污水、饲养场、制革工业、医院等废水中的病毒、病菌、寄生虫等污染水体后,可传播疾病。

 互动交流

说一说地表水污染物的种类。

 相关链接

水环境保护措施

 复习与思考

1. 地表水污染评价要素有哪些?
2. 地表水污染源有哪些类型?

水环境保护措施

模块二　地表水污染评价工程分析估算

任务一　地表水污染物产生量和排放量估算

知识目标　了解废水产生位置分析方式;了解污染物源强核算方法。

能力目标 能对新建项目进行污染物源强核算；能对改扩建项目进行污染物源强核算。

 素质目标 具备科学严谨的态度。

一、废水产生位置分析

用流程图的方式说明生产过程，同时在工艺流程中标明废水污染物的产生位置和污染物的类型，必要时列出主要化学反应和副反应式。

二、污染物源强核算

废水污染源和污染物类型统计及其排放量是地表水污染专题评价的基础资料，应按建设期、运行期和服务期满后（退役期）三个时期，详细核算和统计。

对于污染源分布应根据已经绘制的工艺流程图，并按排放点标明污染物排放部位，用代号代表不同污染物类型，并依据在工艺流程中的先后顺序编号，一般用 W 代表废水。列表逐点统计各种污染因子的排放浓度、数量、速率、形态。对于泄漏和放散等无组织排放部分，原则上要参照实测资料，用类比法进行定量。缺少实测资料时，可以通过物料平衡进行推算。非正常工况的污染排放也要进行核算统计。

对于废液和废水应说明种类、成分、浓度、排放方式、排放去向等。对于废液和固体废物应按《中华人民共和国固体废物污染环境防治法》对废物进行分类，废液应说明种类、成分、浓度、是否属于危险废物、处置方式和去向等有关问题。

废水污染物的排放状况可采用表 5-1 表示。

表 5-1　废水污染物源强一览表

序号	污染物排放源	主要污染因子	排放浓度	排放量	去向
1					
2					
3					
…					

1. 新建项目污染物源强

对于新建项目要求算清两本账：一是工程自身的污染物设计排放量；二是按治理规划和评价规定措施实施后能够实现的污染物削减量。两本账之差才是污染物最终排放量。新建项目废水污染物排放量统计见表 5-2。

表 5-2　新建项目废水污染物排放量统计

类别	污染物名称	产生量	治理削减量	排放量
废水				

2. 改扩建项目污染物源强

对于扩建项目污染物排放量统计则要求算清主要污染物排放变化的"三本账"，即某种污染物改扩建前排放量、改扩建项目实施后扩建部分排放量、改扩建完成后总排放量（扣除"以新带老"削减量），见表 5-3，其相互关系式为：

改扩建前排放量－"以新带老"削减量＋扩建部分排放量＝改扩建完成后总排放量

表 5-3　改扩建项目废水污染物排放量统计

类别	污染物	改扩建前排放量	扩建部分	"以新带老"削减量	改扩建完成后总排放量	削减量变化
废水						

三、废水污染物排放量核算

废水污染物排放量的核算方法，一般有物料衡算法、类比法和反推法。前两种方法在项目三已经作了介绍，这里不再赘述。反推法是指当类比同类工程的无组织排放源强而无法得到直接的无组织排放数据时，可根据其厂界浓度监测数据，按照扩散模式反算源强。其实质也是类比法的一种。

互动交流
说一说地表水污染物产生量的估算。

相关链接
水环境保护重点区域

水环境保护
重点区域

复习与思考
1. 新建项目污染物源强怎样计算？
2. 改扩建项目污染物源强怎样计算？

任务二　掌握地表水扩散模型

知识目标　了解地表水污染物扩散作用；掌握河流污染物的混合作用及完全混合模型。

能力目标　熟悉河流扩散定律的形式；熟悉河流混合过程分类。

素质目标　具备积极主动学习的态度。

一、扩散作用过程

以河流为例，污染物在河流中的扩散包括分子扩散、湍流扩散和弥散三种。分子扩散是分子的无规则运动所产生的污染物分散现象，湍流扩散是由于湍流场中流速的瞬时值与平均值之间随机脉动而引起的污染物分散现象；弥散是指因河流横断面上各点的流速不等而引起的分散现象。这三种扩散作用，弥散作用最强（约为 $10\sim 10^3 \, m^2/s$），湍流扩散作用次之（约为 $10^{-3}\sim 10^3 \, m^2/s$），分子扩散作用很小（约为 $10^{-10}\sim 10^{-9} \, m^2/s$）。

描述分子扩散的 Fick 扩散定律指出，通过某一截面的物质分子扩散通量与该截面两侧的浓度差成正比，方向指向浓度降低的方向。其他扩散作用也可用类似的扩散定律形式表示：

$$m = D \frac{\partial C}{\partial n} \tag{5-1}$$

式中，m 为物质扩散量；D 为扩散系数；$\frac{\partial C}{\partial n}$ 为浓度梯度。

二、混合过程

当污水排入河流后，按照与水流的混合方向，可分为两个混合过程：竖向混合过程、横向混合过程。

1. 竖向混合过程

竖向混合过程指污水与河水在水深方向上相互混合的过程。这个混合过程比较复杂，涉及排出水与河水之间的河水流速分布和湍流作用的质量交换问题；排出水与河水的温度差产生的热量交换问题；由温度差造成的排出水与河水之间的密度差，即浮力作用；排出水与河水之间的动量交换，即射流问题等。竖向混合的长度与水深成正比，大致为排放处水深的几十倍到一百倍。

2. 横向混合作用

横向混合作用是指沿河宽方向污水与河水的混合过程。横向完全混合所需要的长度比竖向混合长得多。河流越宽，所需的完全混合距离就越大，一般呈平方关系。通常需要几公里、几十公里，对于大河甚至要上百公里。

三、河流中污染物完全混合模型

若废水排入河流后能与河水迅速完全混合，则混合后的污染物浓度为：

$$C=(C_pQ_p+C_hQ_h)/(Q_p+Q_h) \tag{5-2}$$

式中，C 为河流水中某污染物浓度，mg/L；Q_p 为河流流量，m³/s；C_p 为河流来水的水质浓度，mg/L；Q_h 为废水排放量，m³/s；C_h 为废水排放污染物的浓度，mg/L。

  互动交流

说一说污水排入河流后的混合过程有哪几种。

  相关链接

生态环境部：聚焦水生态环境保护

聚焦水生态
环境保护

  复习与思考

1. 什么是竖向混合过程？
2. 什么是横向混合作用？

任务三　掌握地表水环境容量与总量控制

  知识目标　掌握水环境容量的概念；了解水污染物排放总量控制目标的内容。

  能力目标　会使用水环境容量估算方法；了解水污染源达标包含的含义。

素质目标　培养学生理论与实践相结合，具备解决实际问题的能力。

一、水环境容量与总量控制

水环境容量是指水体在环境功能不受损害的前提下所能接纳污染物的最大允许排放量。水体一般分为河流、湖泊和海洋，受纳水体不同，其消纳污染物的能力也不同。

1. 水环境容量估算方法

（1）对于拟接纳开发区污水的水体，如常年径流的河流、湖泊、近海水域应估算其环境容量。

（2）污染因子应包括国家和地方规定的重点污染物、开发区可能产生的特征污染物和受纳水体敏感的污染物。

（3）根据水环境功能区划明确受纳水体不同断（界）面的水质标准要求，通过现有资料或现场监测分析清楚受纳水体的环境质量状况，分析受纳水体水质达标程度。

（4）在对受纳水体动力特性进行深入研究的基础上，利用水质模型建立污染物排放和受纳水体水质之间的输入响应关系。

（5）确定合理的混合区，根据受纳水体水质达标程度，考虑相关区域排污的叠加影响；应用输入响应关系，以受纳水体水质按功能达标为前提，估算相关污染物的环境容量（最大允许排放量或排放强度）。

2. 水污染物排放总量控制目标的确定

要确定建设项目总量控制目标，应进行以下工作：

（1）确定总量控制因子　建设项目向水环境排放的污染物种类繁多，不可能对全部污染物实施总量控制。确定对哪几种水污染物实施总量控制，是一个非常重要的问题。要根据地区的具体水质要求和项目性质合理选择总量控制因子。

（2）计算建设项目不同排污方案的允许排污量　根据区域环境目标和不同的排污方案，计算建设项目的允许排污量。

（3）分配建设项目总量控制目标　根据各个不同排污方案，通过经济效益和环境效益的综合评价，确定项目总量控制目标。

3. 水环境容量与水污染物排放总量控制的主要内容

（1）选择总量控制指标因子：COD、氨氮、总氰化物、石油类等因子以及受纳水体最为敏感的特征因子。

（2）分析基于环境容量约束的允许排放总量和基于技术经济条件约束的允许排放总量。

（3）对于拟接纳开发区污水的水体，如常年径流的河流、湖泊、近海水域，应根据环境功能区划所规定的水质标准要求，选用适当的水质模型分析确定水环境容量（河流/湖泊：水环境容量；河口/海湾：水环境容量/最小初始稀释度；开敞的近海水域：最小初始稀释度）；对季节性河流，原则上不要求确定水环境容量。

（4）对于现状水污染物排放实现达标排放、水体无足够环境容量可利用的情形，应在制定基于水环境功能的区域水污染控制计划的基础上确定开发区水污染物排放总量。

（5）如预测的各项总量值均低于上述基于技术经济条件约束下的总量控制和基于水环境容量的总量控制指标，可选择最小的指标提出总量控制方案；如预测总量大于上述两类指标中的某一类指标，则需调整规划，降低污染物总量。

二、达标分析

在进行水质影响评价时，应进行水污染源的达标分析和受纳水体水环境质量的达标分析。

1. 水污染源达标分析

水污染源达标主要包含两个含义：排放的污染物浓度达到国家污染物排放标准，特征污染物的排污总量满足评价水域的地表水环境控制要求。

达标分析包括建设项目生产工艺的先进性分析。应与同类企业的生产工艺进行比较，确定此项目生产工艺的水平，不提倡新建工艺落后、污染大、消耗大的项目，应当大力倡导清洁生产技术。

2. 水环境质量达标分析

水环境质量达标分析的目的就是要分清哪一类污染指标是影响水质的主要因素，进而找到引起水质变化的主要污染源和污染指标，了解水体污染对水生生态和人群健康的影响，为水污染综合防治和制定实施污染控制方案提供依据。判断评价水域的水环境质量是否达标，首先要根据水环境功能区划确定的水质类别要求明确水环境质量具体目标，根据不同水期（潮期）的环境水文条件等分析相关水质因子的水质达标情况，然后把统计汇总单个水质因子的水质评价结果。水质达标分析的水期要与水质调查及水质预测的水期对应，最后以最差的水质指标或最不利水期的水质评价结果为依据，确定评价水域的水环境质量状况。

互动交流

说一说水污染源达标分析有哪些内容。

相关链接

依法守护清水绿岸

依法守护清水绿岸

复习与思考

1. 什么是水环境容量？
2. 水污染源达标主要包含的含义是什么？

模块三　地表水环境影响评价工作基础

● 任务一　环境影响识别与评价因子筛选 ●

　知识目标　掌握水污染影响型建设项目评价因子的筛选；了解地表水环境影响因素识别要求。

　能力目标　能明确水污染影响型建设项目评价因子的筛选；能明确水文要素影响型建设项目评价因子的筛选。

　素质目标　树立正确的价值观，具有科学严谨的态度。

一、地表水环境影响因素识别

地表水环境影响因素识别应按照国家标准要求，分析建设项目建设阶段、生产运行阶段和服务期满后（可根据项目情况选择，下同）各阶段对地表水环境质量、水文要素的影响行为。

二、评价因子筛选要求

1. 水污染影响型建设项目评价因子的筛选

水污染影响型建设项目评价因子的筛选应符合以下要求。

（1）按照污染源源强核算技术指南，开展建设项目污染源与水污染因子识别，结合建设项目所在水环境控制单元或区域水环境质量现状，筛选水环境现状调查评价与影响预测评价的因子；

（2）行业污染物排放标准中涉及的水污染物应作为评价因子；

（3）在车间或车间处理设施排放口排放的第一类污染物应作为评价因子；

（4）水温应作为评价因子；

（5）面源污染所含的主要污染物应作为评价因子；

（6）建设项目排放的，且为建设项目所在控制单元的水质超标因子或潜在污染因子（指近 3 年来水质浓度值呈上升趋势的水质因子），应作为评价因子。

2. 水文要素影响型建设项目评价因子的筛选

水文要素影响型建设项目评价因子，应根据建设项目对地表水体水文要素影响的特征确定。河流、湖泊及水库主要评价水面面积、水量、水温、径流过程、水位、水深、流速、水面宽、冲淤变化等因子，湖泊和水库需要重点关注水域面积、蓄水量及水力停留时间等因子。感潮河段、入海河口及近岸海域主要评价流量、流向、潮区界、潮流界、纳潮量、水位、流速、水面宽、水深、冲淤变化等因子。

建设项目可能导致受纳水体富营养化的，评价因子还应包括与富营养化有关的因子（如总磷、总氮、叶绿素 a、高锰酸盐指数和透明度等。其中，叶绿素 a 为必须评价的因子）。

 互动交流

说一说环境影响识别与评价因子筛选原则。

 相关链接

十年护海：提升群众临海亲海获得感幸福感

十年护海：提升群众临海亲海获得感幸福感

 复习与思考

1. 水污染影响型建设项目评价因子的筛选应符合什么要求？
2. 怎样选择水文要素影响型建设项目评价因子？

任务二 评价范围与评价等级确定

 知识目标 了解地表水环境影响评价等级的确定；了解地表水评价分级依据。

 能力目标 能明确评价工作等级确定依据；会使用水文要素影响型建设项目评价等级判定表。

 素质目标 树立正确的环境伦理道德观，具有科学严谨的素质。

一、评价工作等级确定依据

根据《环境影响评价技术导则　地表水环境》（HJ 2.3—2018），地表水环境影响评价等级按照影响类型、排放方式、排放量或影响情况、受纳水体环境质量现状、水环境保护目标等综合确定。

水污染影响型建设项目主要根据废水排放方式和排放量划分评价等级，见表5-4。直接排放建设项目评价等级分为一级、二级和三级 A，根据废水排放量、水污染物污染当量数确定。间接排放建设项目评价等级为三级 B。

水文要素影响型建设项目评价等级划分主要根据水温、径流与受影响地表水域等三类水文要素的影响程度进行判定，见表 5-5。

表 5-4 水污染影响型建设项目评价等级判定表

评价等级	判定依据	
	排放方式	废水排放量 $Q/(m^3/d)$；水污染当量数 $W/(量纲一)$
一级	直接排放	$Q \geqslant 20000$ 或 $W \geqslant 600000$
二级	直接排放	其他
三级 A	直接排放	$Q < 200$ 且 $W < 6000$
三级 B	间接排放	—

注：1. 水污染物当量数等于该污染物的年排放量除以该污染物的污染当量值，计算排放污染物的污染物当量数，应区分第一类水污染物和其他类水污染物，统计第一类污染物当量数总和，然后与其他类污染物按照污染物当量数从大到小排序，取最大当量数作为建设项目评价等级确定的依据。

2. 废水排放量按行业排放标准中规定的废水种类统计，没有相关行业排放标准要求的通过工程分析合理确定，应统计含热量大的冷却水的排放量，可不统计间接冷却水、循环水及其他含污染物极少的清净下水的排放量。

3. 厂区存在堆积物（露天堆放的原料、燃料、废渣等以及垃圾堆放场）、降尘污染的，应将初期雨污水纳入废水排放量，相应的主要污染物纳入水污染当量计算。

4. 建设项目直接排放第一类污染物的，其评价等级为一级；建设项目直接排放的污染物为受纳水体超标因子的，评价等级不低于二级。

5. 直接排放受纳水体影响范围涉及饮用水水源保护区、饮用水取水口、重点保护与珍稀水生生物的栖息地、重要水生生物的自然产卵场等保护目标时，评价等级不低于二级。

6. 建设项目向河流、湖库排放温排水引起受纳水体水温变化超过水环境质量标准要求，且评价范围有水温敏感目标时，评价等级为一级。

7. 建设项目利用海水作为调节温度介质，排水量 $\geqslant 500$ 万 m^3/d，评价等级为一级；排水量 < 500 万 m^3/d，评价等级为二级。

8. 仅涉及清净下水排放的，如其排放水质满足受纳水体水环境质量标准要求的，评价等级为三级 A。

9. 依托现有排放口，且对外环境未新增排放污染物的直接排放建设项目，评价等级参照间接排放，定为三级 B。注 10：建设项目生产工艺中有废水产生，但作为回水利用，不排放到外环境的，按三级 B 评价。

表 5-5 水文要素影响型建设项目评价等级判定表

评价等级	水温	径流		受影响地表水域		
	年径流量与总库容之比 α	兴利库容占年径流量之比 $\beta/\%$	取水量占多年径流量百分比 $\gamma/\%$	工程垂直投影面积及外扩范围 A_1/km^2；工程扰动水底面积 A_2/km^2；过水断面宽度占用比例或占用水域面积比例 $R/\%$		工程垂直投影面积及外扩范围 A_1/km^2；工程扰动水底面积 A_2/km^2
				河流	湖库	入海河口、近岸海域
一级	$\alpha \leqslant 10$；或稳定分层	$\beta \geqslant 20$；或完全年调节与多年调节	$\gamma \geqslant 20$	$A_1 \geqslant 0.3$；或 $A_2 \geqslant 1.5$；或 $R \geqslant 10$	$A_1 \geqslant 0.3$；或 $A_2 \geqslant 1.5$；或 $R \geqslant 20$	$A_1 \geqslant 0.5$；或 $A_2 \geqslant 3$

续表

评价等级	水温	径流		受影响地表水域		
	年径流量与总库容之比 α	兴利库容占年径流量之比 β/%	取水量占多年径流量百分比 γ/%	工程垂直投影面积及外扩范围 A_1/km²；工程扰动水底面积 A_2/km²；过水断面宽度占用比例或占用水域面积比例 R/%		工程垂直投影面积及外扩范围 A_1/km²；工程扰动水底面积 A_2/km²
				河流	湖库	入海河口、近岸海域
二级	$10<\alpha<20$；或不稳定分层	$2<\beta<20$；或季调节与不完全年调节	$10<\gamma<20$	$0.05<A_1<0.3$；或 $0.2<A_2<1.5$；或 $5<R<10$	$0.05<A_1<0.3$；或 $0.2<A_2<1.5$；或 $5<R<20$	$0.15<A_1<0.5$；或 $0.5<A_2<3$
三级	$\alpha\geq20$；或混合型	$\beta\leq2$；或无调节	$\gamma\leq10$	$A_1\leq0.05$；或 $A_2\leq0.2$；或 $R\leq5$	$A_1\leq0.05$；或 $A_2\leq0.2$；或 $R\leq5$	$A_1\leq0.15$；或 $A_2\leq0.5$

注：1. 影响范围涉及饮用水水源保护区、重点保护与珍稀水生生物的栖息地、重要水生生物的自然产卵场、自然保护区等保护目标，评价等级应不低于二级。

2. 跨流域调水、引水式电站、可能受到大型河流感潮河段咸潮影响的建设项目，评价等级不低于二级。

3. 造成入海河口（湾口）宽度束窄（束窄尺度达到原宽度的5%以上），评价等级应不低于二级。

4. 对不透水的单方向建筑尺度较长的水工建筑物（如防波堤、导流堤等），其与潮流或水流主流向切线垂直方向投影长度大于2km时，评价等级应不低于二级。

5. 允许在一类海域建设的项目，评价等级为一级。

6. 同时存在多个水文要素影响的建设项目，分别判定各水文要素影响评价等级，并取其中最高等级作为水文要素影响型建设项目评价等级。

二、评价范围的确定

建设项目地表水环境影响评价范围指建设项目整体实施后可能对地表水环境造成的影响范围。地表水评价范围应包括建设项目对周围地面水环境影响较显著的区域。

1. 水污染影响型建设项目评价范围

根据评价等级、工程特点、影响方式及程度、地表水环境质量管理要求等确定。

（1）一级、二级及三级A，其评价范围应符合以下要求：

① 应根据主要污染物迁移转化状况，至少需覆盖建设项目污染影响所及水域。

② 受纳水体为河流时，应满足覆盖对照断面、控制断面与消减断面等关键断面的要求。

③ 受纳水体为湖泊、水库时，一级评价，评价范围宜不小于以入湖（库）排放口为中心、半径为5km的扇形区域；二级评价，评价范围宜不小于以入湖（库）排放口为中心、半径为3km的扇形区域；三级A评价，评价范围宜不小于以入湖（库）排放口为中心、半径为1km的扇形区域。

④ 受纳水体为入海河口和近岸海域时，评价范围按照GB/T 19485执行。

⑤ 影响范围涉及水环境保护目标的，评价范围至少应扩大到水环境保护目标内

受到影响的水域；

⑥ 同一建设项目有两个及两个以上废水排放口，或排入不同地表水体时，按各排放口及所排入地表水体分别确定评价范围；有叠加影响的，叠加影响水域应作为重点评价范围。

（2）三级 B，其评价范围应符合以下要求：

① 应满足其依托污水处理设施环境可行性分析的要求；

② 涉及地表水环境风险的，应覆盖环境风险影响范围所及的水环境保护目标水域。

2. 水文要素影响型建设项目评价范围

水文要素影响型建设项目评价范围需根据评价等级、水文要素影响类别、影响及恢复程度确定，评价范围应符合以下要求：

（1）水温要素影响评价范围为建设项目形成水温分层水域，以及下游未恢复到天然（或建设项目建设前）水温的水域；

（2）径流要素影响评价范围为水体天然性状发生变化的水域，以及下游增减水影响水域；

（3）地表水域影响评价范围为相对建设项目建设前日均或潮均流速及水深、或高（累积频率5%）低（累积频率90%）水位（潮位）变化幅度超过±5%的水域；

（4）建设项目影响范围涉及水环境保护目标的，评价范围至少应扩大到水环境保护目标内受影响的水域；

（5）存在多类水文要素影响的建设项目，应分别确定各水文要素影响评价范围，取各水文要素评价范围的外包线作为水文要素的评价范围。

3. 评价范围表示方式

评价范围应以平面图的方式表示，并明确起、止位置等控制点坐标。

 互动交流

说一说地表水环境影响评价工作等级确定依据。

 相关链接

"把脉"黄河（节选）

"把脉"黄河（节选）

 复习与思考

1. 地表水体的大小规模怎样划分？
2. 地表水环境影响评价分级判据有哪些？

模块四 地表水现状调查与评价

● 任务一 地表水质量评价保护目标及标准 ●

 知识目标 了解地表水环境质量评价要求；了解常用地表水环境影响评价标准。

 能力目标 熟悉《地表水环境质量标准》中地表水水域分类；熟悉《海水水质标准》中海水水质分类。

 素质目标 培养学生科学严谨的习惯。

一、地表水环境质量评价要求

（1）地表水环境质量评价应根据要实现的水域功能类别，选取相应类别标准，进行单因子评价，评价结果应说明水质达标情况，超标的应说明超标项目和超标倍数。

（2）丰、平、枯水期特征明显的水域，应分水期进行水质评价。

（3）集中式生活饮用水地表水源地水质评价的项目应包括基本项目、补充项目以及由县级以上人民政府环境保护行政主管部门选择确定的特定项目。

二、水环境保护目标

饮用水水源保护区、饮用水取水口，涉水的自然保护区、风景名胜区，重要湿地、重点保护与珍稀水生生物的栖息地、重要水生生物的自然产卵场及索饵场、越冬场和洄游通道，天然渔场等渔业水体，以及水产种质资源保护区等。

三、常用地表水环境影响评价标准

常用地表水环境影响评价标准有《环境影响评价技术导则 地表水环境》《地表水环境质量标准》等。

1. 《环境影响评价技术导则 地表水环境》

《环境影响评价技术导则 地表水环境》（HJ 2.3—2018）规定了地表水环境影响评价的一般性原则、工作程序、内容、方法及要求，适用于建设项目的地表水环境影响评价。

2. 《地表水环境质量标准》（GB 3838—2002）

本标准按照地表水环境功能分类和保护目标，规定了水环境质量应控制的项目及限值,以及水质评价、水质项目的分析方法和标准的实施与监督,适用于中华人民共和国领域内江河、湖泊、运河、渠道、水库等具有使用功能的地表水水域。

依据地表水水域的环境功能和保护目标,按功能高低将水域依次划分为五类。

Ⅰ类主要适用于源头水、国家自然保护区;

Ⅱ类主要适用于集中式生活饮用水地表水源地一级保护区、珍稀水生生物栖息地、鱼虾类产卵场、仔稚幼鱼的索饵场等;

Ⅲ类主要适用于集中式生活饮用水地表水源地二级保护区、鱼虾类越冬场、洄游通道、水产养殖区等渔业水域及游泳区;

Ⅳ类主要适用于一般工业用水区及人体非直接接触的娱乐用水区;

Ⅴ类主要适用于农业用水区及一般景观要求水域。

对应地表水上述五类水域功能,将地表水环境质量标准基本项目标准值分为五类,不同功能类别分别执行相应类别的标准值。水域功能类别高的标准值严于水域功能类别低的标准值。同一水域兼有多类使用功能的,执行最高功能类别对应的标准值。实现水域功能与达功能类别标准为同一含义。

3.《海水水质标准》(GB 3097—1997)

本标准规定了海域各类适用功能的水质要求,适用于中华人民共和国管辖的海域。

按照海域的不同使用功能和保护目标,海水水质分为四类。

第一类:适用于海洋渔业水域、海上自然保护区和珍稀濒危海洋生物保护区。

第二类:适用于水产养殖区、海水浴场,人体直接接触海水的海上运动或娱乐区,以及与人类食用直接有关的工业用水区。

第三类:适用于一般工业用水区、滨海风景旅游区。

第四类:适用于海洋港口水域、海洋开发作业区。

4.《污水综合排放标准》(GB 8978—1996)

本标准按照污水排放去向,分年限规定了69种水污染物最高允许排放浓度和部分行业最高允许排水量。适用于现有单位水污染物的排放管理,以及建设项目的环境影响评价、建设项目环境保护设施设计、竣工验收及其投产后的排放管理。

其他地表水环境影响评价标准还有:

GB 5084《农田灌溉水质标准》;

GB 11607《渔业水质标准》;

GB 17378《海洋监测规范》;

GB 18421《海洋生物质量》;

GB 18486《污水海洋处置工程污染控制标准》;

GB 18668《海洋沉积物质量》;

GB 50179《河流流量测验规范》;

GB/T 12763《海洋调查规范》;

GB/T 19485《海洋工程环境影响评价技术导则》;

GB/T 25173《水域纳污能力计算规程》；
HJ 2.1《建设项目环境影响评价技术导则总纲》；
HJ 442《近岸海域环境监测规范》；
HJ 819《排污单位自行监测技术指南　总则》；
HJ 884《污染源源强核算技术指南准则》；
HJ 942《排污许可证申请与核发技术规范　总则》；
HJ/T 91《地表水和污水监测技术规范》；
HJ/T 92《水污染物排放总量监测技术规范》；
SL 278《水利水电工程水文计算规范》。

互动交流

说一说地表水环境质量评价要求。

相关链接

全国地表水环境质量持续改善

全国地表水环境质量持续改善

复习与思考

1. 依据地表水水域的环境功能和保护目标，按功能高低将水域依次划分为哪五类？
2. 按照海域的不同使用功能和保护目标，海水水质分为哪四类？

任务二　开展地表水污染源调查

知识目标　了解地表水污染源的分类；了解常用地表水污染点源及非点源的调查内容。

能力目标　能对地表水污染源进行分类；能对污染源资料进行整理与分析。

素质目标　具备开展污染源调查的能力；培养学生的科学精神和态度。

一、污染源分类

影响地表水环境质量的污染物按排放方式可分为点源和面源，按污染性质可分为持久性污染物、非持久性污染物、水体酸碱度（pH）和热效应四类。

点源：污染物产生的源点和进入环境的方式为点。

面源（非点源）：污染物产生的源点为面，进入环境的方式可为面、线或点，位置不固定。

持久性污染物：进入环境不易降解的污染物（如重金属）。

非持久性污染物：进入环境容易降解的污染物（如有机物）。

水体酸碱度：常以 pH 为表征。

热效应：造成受纳水体的水温变化。

污染源调查以搜集现有资料为主，只有在十分必要时才补充现场调查和现场测试。

二、点源调查

1. 调查原则

点源调查的繁简程度可根据评价等级及其与建设项目的关系略有不同。评价等级高且现有污染源与建设项目距离较近时应详细调查。例如，建设项目排水口位于建设项目排水与受纳河流的混合过程段范围内，并对预测计算有影响的情况。

2. 调查内容

有些调查内容可以列成表格，根据评价工作的需要选择下述全部或部分内容进行调查。

（1）污染源的排放特点　主要包括排放形式是分散还是集中排放；排放口的平面位置（附污染源平面位置图）及排放方向；排放口在断面上的位置。

（2）污染源排放数据　根据现有实测数据、统计报表以及工艺路线等选定主要水质参数，调查其现有的排放量、排放速度、排放浓度及变化情况等方面的数据。

（3）用水、排水状况　主要调查取水量、用水量、循环水量、排水总量等。

（4）废水、污水处理状况　主要调查各排污单位废（污）水的处理设备、处理效率、处理水量及事故状况等。

三、非点源调查

1. 调查原则

非点源调查基本上采用搜集资料的方法，一般不进行实测。

2. 调查内容

根据评价工作需要，选择下述全部或部分内容进行调查：

（1）工业类非点源污染源　原料、燃料、废料、废弃物的堆放位置（主要污染源要绘制污染源平面位置图）、堆放面积、堆放形式（几何形状、堆放厚度）、堆放点的地面铺装及其保洁程度、堆放物的遮盖方式等。排放方式、排放去向与处理情况；说明非点源污染物是有组织地汇集还是无组织地漫流，是集中后直接排放还是处理后排放，是单独排放还是与生产废水或生活污水合并排放等。根据现有实测数据、统计报表以及引起非点源污染的原料、燃料、废料、废弃物的成分及物理、化学、生物化学性质选定调查的主要水质参数，并调查有关排放季节、排放时期、排放浓度及其变化等方面的数据。

（2）其他非点污染源 对于山林、草原、农地等非点污染源，应调查有机肥、化肥、农药的施用量，以及流失率、流失规律、不同季节的流失量等。对城市非点源，应调查雨水径流特点、初期城市暴雨径流的污染物数量。

四、污染源资料的整理与分析

对搜集到的和实测的污染源资料进行检查，找出相互矛盾和错误之处，并予以更正。资料中的缺漏应尽量填补。将这些资料按污染源排入地表水的顺序及水质因子的种类列成表格，找出评价水体的主要污染源和主要污染物。

 互动交流

说一说地表水污染源的分类。

 相关链接

生态环境部执法局相关负责人就《入河（海）排污口三级排查技术指南》等 5 项标准答记者问（节选）

生态环境部执法局相关负责人就《入河（海）排污口三级排查技术指南》等 5 项标准答记者问（节选）

 复习与思考

1. 地表水污染源点源的调查原则是什么？
2. 地表水污染源非点源的调查内容有哪些？

任务三　地表水环境质量现状调查与评价

 知识目标　了解地表水质量现状调查范围；了解地表水质量现状调查时期的确定。

 能力目标　能搞清地表水质量现状调查的范围；能理清地表水质量现状评价不同评价等级各水域调查时期。

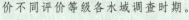 **素质目标**　巩固综合素质；强化科学精神。

地表水环境质量现状调查的目的是掌握评价范围内水体污染源、水文、水质和水体功能利用等方面的环境背景情况，为地表水环境现状和预测评价提供基础资料。

地表水环境质量现状调查以收集资料为主，现场实地测量为辅，常用的调查方法有三种,即搜集资料法、现场实测法和遥感遥测法,调查的对象(内容)主要为环境水文条件、水污染源和水环境质量。

一、调查范围

地表水环境调查范围应包括受建设项目影响较显著的地表水区域。在此区域内进行的调查,能够说明地表水环境的基本状况,并能充分满足环境影响预测的要求。具体有以下两点需要说明:

第一,在确定某具体建设开发项目的地表水环境现状调查范围时,应尽量按照将来污染物排放进入天然水体后可能达到水域使用功能质量标准要求的范围,并考虑评价等级的高低(评价等级高时调查范围取偏大值,反之取偏小值)后决定。

第二,当下游附近有敏感区(如水源地、自然保护区等)时,调查范围应考虑延长到敏感区上游边界,以满足预测敏感区所受影响的需要。

二、调查时期

根据当地水文资料初步确定河流、湖泊、水库的丰水期、平水期、枯水期,同时确定最能代表这三个时期的季节或月份。遇气候异常年份,要根据流量实际变化情况确定。对有水库调节的河流,要注意水库放水或不放水时的水量变化。

评价等级不同,对调查时期的要求亦有所不同,如表5-6所示。

表5-6 不同评价等级各水域调查时期

水域	一级	二级	三级
河流	一般情况调查一个水文年的丰水期、枯水期和平水期;若评价时间不够,至少应调查平水期和枯水期	条件许可,可调查一个水文年的丰水期、平水期、枯水期;一般情况可只调查枯水期和平水期;若评价时间不够,可只调查枯水期	一般情况下,可只在枯水期调查
河口	一般情况调查一个潮汐年的丰水期、平水期、枯水期;若评价时间不够,可只调查枯水期和平水期	一般情况可只调查枯水期和平水期;若评价时间不够,可只调查枯水期	一般情况下,可只在枯水期调查
湖泊、水库	一般情况调查一个水文年的丰水期、平水期、枯水期;若评价时间不够,至少应调查平水期和枯水期	一般情况可只调查枯水期和平水期;若评价时间不够,可只调查枯水期	一般情况下,可只在枯水期调查

当被调查的范围内面源污染严重,丰水期水质劣于枯水期时,一级、二级评价的各类水域应调查丰水期,若时间允许,三级评价也应调查丰水期。冰封期较长的水域,且作为生活饮用水、食品加工用水的水源或渔业用水时,应调查冰封期的水质、水文情况。

三、水文调查和水文测量

1. 河流根据评价等级与河流的规模决定工作内容

调查内容主要有:丰水期、平水期、枯水期的划分;河段的平直及弯曲;过水断面积、坡度(比降)、水位、水深、河宽、流量、流速及其分布、水温、糙率及泥沙含量等；丰水期有无分流漫滩，枯水期有无浅滩、沙洲和断流；北方河流还应了解结冰、封冻、解冻等现象。如采用数学模式预测，具体调查内容应根据评价等级及河流规模按照模式及参数的需要决定。河网地区应调查各河段流向、流速、流量的关系，了解它们的变化特点。

2. 感潮河口根据评价等级及河流的规模决定工作内容

除与河流相同的内容外，还有感潮河段的范围，涨潮、落潮及平潮时的水位、水深、流向、流速及其分布；横断面形状、水面坡度、河潮间隙、潮差和历时等。如采用数学模式预测，具体调查内容应根据评价等级及河流规模按照模式及参数的需要决定。

3. 湖泊、水库根据评价等级、湖泊和水库的规模决定工作内容

调查内容主要有：湖泊、水库的面积和形状，应附有平面图；丰水期、平水期、枯水期的划分；流入、流出的水量；水力滞留时间或交换周期；水量的调度和储量；水深；水温分层情况及水流状况（湖流的流向和流速，环流和流向、流速及稳定时间）等。如采用数学模式预测时，其具体调查内容应根据评价等级及湖泊、水库的规模按照水质模式参数的需要来决定。

4. 降雨调查

需要预测建设项目的面源污染时，应调查历年的降雨资料，并根据预测的需要对资料进行统计分析。

四、水质调查因子的选择

需要调查的水质因子有三类：一类是常规水质因子，能反映受纳水体的水质状况；另一类是特殊水质因子，能代表建设项目外排污水的特征污染因子；在某些情况下，还需调查一些其他方面的因子。

1. 常规水质因子

以《地表水环境质量标准》（GB 3838—2002）中所列的pH值、溶解氧、高锰酸盐指数或化学需氧量、五日生化需氧量、总氮或氨氮、酚、氰化物、砷、汞、铬（六价）、总磷及水温为基础，根据水域类别、评价等级及污染源状况适当增减。

2. 特殊水质因子

根据建设项目特点、水域类别及评价等级以及建设项目所属行业的特征水质参数表进行选择，可以适当删减。

3. 其他因子

被调查水域的环境质量要求较高（如自然保护区、饮用水源地、珍贵水生生物保护区、经济鱼类养殖区等），且评价等级为一级或二级，应考虑调查水生生和底质。调查项目可根据具体工作要求确定，或从下列项目中选择部分内容。

水生生物方面主要调查浮游动植物、藻类、底栖无脊椎动物的种类和数量，水生生物群落结构等。

互动交流

说一说水质调查因子有哪几类。

 相关链接

自然资源部：2019年我国水文环境地质调查取得重大进展

我国水文环境地质调查取得重大进展

 复习与思考

1. 地表水质量现状调查时期怎样确定？
2. 怎样选择水质调查因子？

模块五　地表水环境影响预测与评价

任务一　了解地表水预测因子、范围与预测周期

 知识目标　了解地表水预测因子的筛选方法；了解水环境影响预测周期的确定。

 能力目标　会计算水质污染因子排序指标；能正确使用类比分析法。

 素质目标　具备人文精神；强化科学严谨的习惯。

一、地表水预测因子的筛选

地表水环境预测实施之前，应从工程和环境两方面确定必需的预测条件。工程方面的预测条件是筛选预测的水质因子和考虑工程实施过程不同阶段对水环境的影响；水环境方面的预测条件是确定预测范围、选择预测点位和根据水环境的自净能力确定预测时段。

水质影响预测的因子，应根据对建设项目的工程分析和受纳水体的水环境状况、评价工作等级、当地环境管理的要求等进行筛选和确定。水质预测因子选取的数目应

既能说明问题又不过多，一般应少于水环境现状调查的水质因子数目。施工阶段、生产运行（包括正常和事故排放两种情况）、服务期满后等各工程阶段均应根据各自的具体情况决定其拟预测水质因子，彼此不一定相同。

在水环境现状调查水质因子中选择拟预测水质因子。对河流，可按下式将水质参数排序后从中选取：

$$\mathrm{ISE} = \frac{C_p Q_p}{(C_s - C_h) Q_h} \tag{5-3}$$

式中　ISE——水质污染因子排序指标；

　　　C_p——水污染物排放浓度，mg/L；

　　　Q_p——废水排放量，m³/s；

　　　C_s——水污染物排放标准，mg/L；

　　　C_h——河流上游污染物浓度，mg/L；

　　　Q_h——河流流量，m³/s。

ISE 为负值或越大时，说明建设项目对河流中该项水质因子的影响越大。

二、预测范围和预测点位

1. 预测范围

地表水环境影响预测的范围与地表水环境现状调查的范围相同或略小（特殊情况也可以略大），确定预测范围的原则与现状调查相同。

2. 预测点位

在预测范围内应选择适当的预测点位，通过预测这些点位所受的环境影响来全面反映建设项目对该范围内地表水环境的影响。预测点位的数量和预测点位的选择应根据受纳水体和建设项目的特点、评价等级以及当地的环保要求确定。

虽然在预测范围以外，但有可能受到影响的重要用水地点，也应选择水质预测点位。

地表水环境现状监测点位应作为预测点位。水文特征突然变化和水质突然变化处的上、下游，重要水工建筑物附近，水文站附近等应选择作为预测点位。当需要预测河流混合过程段的水质时，应在该河流中选若干预测点位。

当拟预测水中溶解氧时，应预测最大亏氧点的位置及该点的浓度，但是分段预测的河段不需要预测最大亏氧点。

排放口附近常有局部超标水域，如有必要应在适当水域加密预测点位，以便确定超标水域的范围。

三、水环境影响预测周期

1. 地表水环境影响时期的划分

所有建设项目均应预测生产运行阶段对地表水环境的影响，该阶段的地表水环境影响应按正常排放和事故排放两种情况进行预测。

大型建设项目应根据该项目施工阶段的特点和评价等级、受纳水体特点以及当地环保要求，决定是否预测该阶段的环境影响。同时具备以下三个特点的大型建设项目，应预测建设项目施工阶段的水环境影响。

① 地表水质要求较高，如要求达到Ⅲ类以上。

② 可能进入地表水环境的堆积物较多或土方量较大。

③ 施工阶段时间较长，如超过一年。

施工阶段对水环境的影响主要来自水土流失和堆积物的流失。

根据建设项目的特点、评价等级、地表水环境特点和当地环保要求，个别建设项目应预测服务期满后对地表水环境的影响，如矿山开发项目。服务期满后的地表水环境影响主要来源于水土流失所产生的悬浮物和以各种形式存在于废渣、废矿中的污染物。

2. 地表水环境影响预测的时段

地表水环境预测应考虑水体自净能力不同的各个时段，通常可划分为自净能力最小、一般、最大三个时段。自净能力最小的时段通常在枯水期（结合建设项目设计的要求考虑水量的保证率），个别水域由于面源污染严重也可能在丰水期，自净能力一般的时段通常在平水期。冰封期的自净能力很小，情况特殊，如果冰封期较长可单独考虑。海湾的自净能力与时段的关系不明显，可以不分时段。

评价等级为一级、二级时应分别预测建设项目在水体自净能力最小和一般两个时段的水环境影响。冰封期较长的水域，当其水体功能为生活饮用水、食品工业用水水源或为渔业用水时，还应预测此时段的水环境影响。评价等级为三级或评价等级为二级但评价时间较短时，可以只预测自净能力最小时段的水环境影响。

 互动交流

说一说地表水环境影响时期的划分。

 相关链接

生态环境部印发《规划环境影响评价技术导则 流域综合规划》

 复习与思考

1. 地表水预测因子怎样筛选？
2. 什么情况下应预测建设项目施工阶段的水环境影响？

生态环境部印发《规划环境影响评价技术导则 流域综合规划》

● 任务二 设计影响预测计划、模型与参数选择 ●

 知识目标 了解预测模型方法；了解预测参数与条件的选取方法。

能力目标 能恰当选取预测模型方法；能恰当选取预测参数与条件。

 素质目标 具备科学严谨的素质及人文精神。

一、预测原则

对于已确定的评价项目，都应预测建设项目对受纳水域水环境产生的影响，预测的范围、时段、内容及方法均应根据其评价工作等级、工程与水环境特性、当地的环保要求确定。同时应尽量考虑预测范围内规划的建设项目可能产生的叠加性水环境影响。

对于季节性河流、应依据当地环保部门所定的水体功能，结合建设项目的污水排放特性，确定其预测的原则、范围、时段、内容及方法。

当水生生物保护对地表水环境要求较高时（如珍贵水生生物保护区、经济鱼类养殖区等），应简要分析建设项目对水生生物的影响。

二、预测方法选择

预测方法一般应尽量选用通用、成熟、简便并能满足准确度要求的方法。建设项目地表水环境影响常用的预测方法有以下几种。

1. 数学模型法

数学模型法是利用表达水体净化机制的数学方程预测建设项目引起的水体水质变化。该法能给出定量的预测结果，在许多水域有成功应用水质模型的范例。一般情况此法比较简便，应首先考虑，但这种方法需一定的计算条件和输入必要的参数，而且污染物在水中的净化机制，很多方面尚难用数学模式表达。

2. 物理模型法

物理模型法是依据相似理论，在一定比例缩小的环境模型上进行水质模拟实验，以预测由建设项目引起的水体水质变化。此方法能反映比较复杂的水环境特点，定量化程度较高，再现性好，但需要有相应的试验条件和较多的基础数据，且制作模型要耗费大量的人力、物力和时间。在无法利用数学模型法预测，而评价级别较高、对预测结果要求较严格时，应选用此法。但污染物在水中的化学、生物净化过程难以在实验中模拟。

3. 类比分析（调查）法

调查与建设项目性质相似，且其纳污水体的规模、水文特征、水质状况也相似的工程。根据调查结果，分析预估拟建设项目的水环境影响，此种预测属于定性或半定量性质。已建的相似工程有可能找到，但此工程与拟建项目有相似水环境状况的工程则不易找到，所以类比分析（调查）法所得结果往往比较粗略，一般多在评价工作级别较低且评价时间较短，无法取得足够的参数、数据时，用类比求得数学模式中所需的若干参数、数据。

4. 专业判断法

该法可定性地反映建设项目的环境影响。当水生生物保护对地表水环境要求较高（如珍贵水生生物保护区、经济鱼类养殖区等）或由于评价时间过短等原因无法采用上述三种方法时，可选用此方法。

三、预测参数与条件的选取

在进行预测前，需要根据建设项目的污染物排放特点、排放方式和污染物类型以及受纳水体特点，选择预测模型。根据预测模型的需要，确定预测所需的各种参数。

1. 筛选拟预测的水质参数

根据对建设项目的初步工程分析，可知此项目排入水体的污染源与污染物情况。结合水环境影响评价的级别、工程与水环境两者的特点，即可从将要排入水体的污染物中筛选出水质预测参数。

2. 预测水文条件的设计

在水环境影响预测时应考虑水体自净能力不同的多个阶段。对于内陆水体，自净能力最小的时段一般为枯水期，个别水域由于面源污染严重也可能在丰水期，对于北方河流，冰封期的自净能力很小，情况特殊。在进行预测时需要确定拟预测时段的设计水文条件，如河流十年一遇连续7天枯水流量，河流多年平均枯水期月平均流量等。

3. 确定水质模型参数和边界条件

在利用水质模型进行水质预测时，需要根据建模、验模的工作程序，确定水质模型参数的数值。确定水质模型参数的方法有实验测定法、经验公式估算法、模型实测法、现场实测法等。对于稳态模型，需要确定预测计算的水动力、水质边界条件；对于动态模型或模拟瞬时排放、有限时段等排放，还需要确定初始条件。

 互动交流

说一说预测参数与条件的选取。

 相关链接

加快重大项目环评审批"三本台账"效果明显

加快重大项目环评审批"三本台账"效果明显

 复习与思考

1. 类比分析（调查）法怎样应用？
2. 地表水环境影响预测原则是什么？

任务三 开展评价预测、总结评价结论与建议

 知识目标 了解零维及一维水质模型的使用条件；了解非点源环境影响预测的原则及方法。

 能力目标 能利用零维水质模型进行点源水环境影响预测；能利用一维水质模型进行点源水环境影响预测。

 素质目标 具备科学严谨的态度及综合素养。

一、点源水环境影响预测

地表水环境影响评价中常用于河流的水质模型有零维模型、一维水质模型等。

1. 零维水质模型

废水排入一条河流时，如符合下述条件，则可采用零维水质模型。

（1）不考虑混合距离的重金属污染物、部分有毒物质及其他持久性污染物的下游浓度预测与允许纳污量的估算。

（2）有机物降解性物质的降解可忽略。

（3）对于有机物降解性物质，当需要考虑降解时，可采用零维模型分段模拟，但计算精度和实用性较差。

此模型适用于较浅、较窄的河流。零维模型的基本方程为：

$$v\frac{\mathrm{d}c}{\mathrm{d}t}=Qc_0-Qc+S+rv$$

式中，v 为河水的流速，m/s；Q 为河水的流量，m³/s；c_0 为进入河水的污染物浓度，m³/s；c 为流出河段的污染物浓度，m³/s；S 为污染物的源和汇；r 为污染物的反应速度。

2. 一维水质模型

在河流流量和其他水文条件不变的稳态情况下，废水排入河流并充分混合后，非持久性污染物或可降解污染物沿河下游 x 处的污染物浓度可按下式计算：

$$c=c_0\exp\left[\frac{ux}{2E_x}\left(1-\sqrt{1+\frac{4KE_x}{u^2}}\right)\right] \tag{5-4}$$

式中，c 为计算断面污染物浓度，mg/L；c_0 为初始断面污染物浓度，mg/L；E_x 为废水与河流的纵向混合系数，m²/d；K 为污染物降解系数，d⁻¹；u 为河水平均流速，m/s。

对于一般条件下的河流，推流形成的污染物迁移作用要比弥散作用大得多，弥散作用可以忽略，则有

$$c = c_0 \exp\left(-\frac{Kx}{86400u}\right) \tag{5-5}$$

该式适用条件为：①非持久性污染物。②河流为恒定流动。③废水连续稳定排放。④废水与河水充分混合后河段，混合段长度可按下式估算：

$$L = \frac{(0.4B - 0.6a)Bu}{(0.058H + 0.0065B)(gHI)^{\frac{1}{2}}} \tag{5-6}$$

式中，L 为混合段长度，m；B 为河流宽度，m；a 为排放口到岸边的距离，m；H 为平均水深，m；u 为河流平均流速，m/s；I 为河流底坡，m/m；g 为重力加速度，m/s^2。

以溶解氧与BOD关系的耦合模型——S-P模型为例，介绍一维输入响应模型的特征。

S-P模型基本假设为河流中BOD的衰减和溶解氧的复氧都是一级反应，反应速率是一定的，河流中的耗氧是由BOD衰减引起的，而河流中的溶解氧来源则是大气复氧。计算公式如下。

$$c = c_0 \exp\left(-\frac{Kx}{86400u}\right) \tag{5-7}$$

$$D_x = \frac{K_1 c_0}{K_2 - K_1}\left[\exp\left(-k_1 \frac{x}{86400u}\right) - \exp\left(-k_2 \frac{x}{86400u}\right)\right] + D_0 \exp\left(-k_2 \frac{x}{86400u}\right) \tag{5-8}$$

其中，

$$c_0 = \frac{Q_p c_p + Q_h c_h}{Q_p + Q_h} \tag{5-9}$$

$$D_0 = \frac{Q_p D_p + Q_h D_h}{Q_p + Q_h} \tag{5-10}$$

式中，D 为亏氧量即（$DO_f - DO$），mg/L；D_0 为计算初始断面亏氧量，mg/L；D_p 为上游来水中溶解氧亏值，mg/L；D_h 为污水中溶解氧亏值，mg/L；u 为河流断面平均流速，m/s；x 为沿程距离，m；c 为沿程浓度，mg/L；DO 为溶解氧浓度，mg/L；DO_f 为饱和溶解氧浓度，mg/L；K_1 为耗氧系数，d^{-1}；K_2 为复氧系数，d^{-1}；Q_p 为废水流量，m^3/s；Q_h 为河水流量，m^3/s；c_p 为废水中污染物浓度，mg/L；c_h 为上游河水中污染物浓度，mg/L。

二、非点源的环境影响预测

1. 一般原则

非点源主要是指建设项目在各生产阶段由于降雨径流或其他原因从一定面积上向地表水环境排放的污染源，或称为面源。建设项目面源主要有因水土流失而产生的水土流失面源；由露天堆放原料、燃料、废渣、废弃物等以及垃圾堆放场因冲刷和淋溶而产生的堆积物面源；由大气降尘直接落于水体而产生的降尘面源。

对于一些建设项目，应注意预测其面源环境影响。这些建设项目包括：

（1）矿山开发项目应预测其生产运行阶段和服务期满后的面源环境影响。其影响主要来自水土流失所产生的悬浮物和以各种形式存在于废矿、废渣、废石中的污染物。建设过程阶段是否预测视具体情况而定。

（2）某些建设项目（如冶炼、火力发电、初级建筑材料的生产）露天堆放的原料、燃料、废渣、废弃物（以下统称堆积物）较多。这种情况应预测其堆积物面源的环境影响，该影响主要来自降雨径流冲刷或淋溶堆积物产生的悬浮物及有毒有害成分。

（3）某些建设项目（如水泥、化工、火力发电）向大气排放的降尘较多。对于距离这些建设项目较近且要求保持Ⅰ、Ⅱ、Ⅲ类水质的湖泊、水库、河流，应预测其降尘面源的环境影响。此影响主要来自大气降尘及其所含的有毒有害成分。

（4）需要进行建设过程阶段地表水环境影响预测的建设项目应预测该阶段的面源影响。

（5）水土流失面源和堆积物面源主要考虑一定时期内（例如一年）全部降雨所产生的影响，也可以考虑一次降雨所产生的影响。一次降雨应根据当地的气象条件、降雨类型和环保要求选择。

2. 非点源的环境影响预测方法

目前尚无实用且成熟的非点源环境影响预测方法，可以在分析拟建项目的面源污染物总量与点源污染物总量或现状面源污染物总量与点源污染物总量之间相关关系的基础上，对其环境影响进行综合分析；或利用现状面源污染物总量与点源污染物总量之间的相关关系，预测分析拟建项目的面源污染影响程度；还可利用类似建设项目面源影响的现场监测资料，进行类比环境影响分析。

三、地表水环境和污染源简化

由于地表水体形态多种多样，为了预测建设项目对受纳水体水质的影响，通常采用对地表水体的外形进行简化处理。简化处理包括对受纳水体的边界几何形状规则化，以及受纳水体的水文、水力要素时空分布的简化等。这种简化需要根据水文调查与水文测量的结果和评价等级等进行。不同的受纳水体简化处理原则如下。

1. 河流简化

河流可以简化为矩形平直河流、矩形弯曲河流和非矩形河流。简化原则如下：

① 当河流断面的宽深比≥20时，可视为矩形河流；

② 对于大型和中型河流，当预测河段弯曲较大（如其最大弯曲系数＞1.3）时，可视为矩形弯曲河流，否则可以简化为矩形平直河流；

③ 如果大型和中型河流需要预测河段的断面形状沿程变化较大，可以先进行分段处理，然后再分段简化；

④ 如果大型和中型河流断面上水深变化很大，而且评价等级较高（如一级评价），可以视为非矩形河流，并应调查其流场，其他情况均可简化为矩形河流；

⑤ 对于小型河流，可以直接简化为矩形平直河流。

河流水文特征或水质有急剧变化河段的简化水文特征或水质有急剧变化处通常需要进行水质调查取样断面的布置，因此，对于这些河段，可以在急剧变化之处进行分段处理，并依据具体情况，可以分别对各段进行水环境影响预测。对于南方等地河网分布较多的地区，由于支流多、水流汇集复杂，也应进行分段处理，并依据具体情况，分别对各段进行水环境影响预测。

对于低评价等级（通常为三级）的河流，当河流中存在江心洲、浅滩时，一般情况下均可以按照无江心洲、浅滩的情况进行处理。

对于人工控制的河流，例如设有闸坝的河流、设有过船通道的闸坝河流，根据水流情况可以视其为水库，也可视其为河流。对这类地表水体的外形简化，可以采取分段处理，并需要分段进行水环境影响预测。

2. 河口简化

河口包括河流交汇处，河流感潮段，河口外滨海段，河流与湖泊、水库的汇合部。

河流感潮段是指受潮汐作用影响较明显的河段。可以将落潮时最大断面平均流速与涨潮时最小断面平均流速之差等于 0.05m/s 的断面作为其与河流的界限。除个别要求很高（如评价等级为一级）的情况外，河流感潮段一般可按潮周平均、高潮平均和低潮平均三种情况，简化为稳态进行预测。

河流交汇处可以分为支流、汇合前主流、汇合后主流三段分别进行环境影响预测。小河汇入大河时可以把小河看成点源。

河流与湖泊、水库汇合部可以按照河流和湖泊、水库分别预测其环境影响。河口断面沿程变化较大时，可以分段进行环境影响预测。河口外滨海段可视为海湾。

3. 湖泊、水库简化

在对建设项目进行湖泊、水库的环境影响预测时，可以根据湖泊、水库的水域面积、容积、水深情况，以及评价工作等级，将湖泊、水库简化为大湖（库）、中湖（库）、小湖（库）和分层湖（库）等三种情况进行。

对于评价等级为一级的情况，根据实际情况，可以将中湖（库）按大湖（库）对待，若水流停留时间较短，也可以按小湖（库）对待。当评价等级为三级时，中湖（库）可以按小湖（库）对待。评价等级为二级时，如何简化可视具体情况而定。

对于湖泊、水库的水深＞10m 且分层期较长（如分层期＞30d）时，可以将湖泊、水库简化为分层湖（库）。

对于狭长湖泊，如果不存在大面积回流区和死水区，且水流流速较快，停留时间较短时，可以将其简化为河流。在此基础上，按河流简化原则进一步进行简化。

对于形状不规则的湖泊、水库，可根据流场的分布情况和几何形状进行简化。

4. 海湾简化

预测海湾水质时一般只考虑潮汐作用，不考虑波浪作用。评价等级为一级，且海流（主要指风海流）作用较强时，可以考虑海流对水质的影响。

一般情况下，潮流可以简化为平面二维非恒定流场。当评价等级为三级时，可以只考虑潮周期的平均情况。

对于较大的海湾，因其水流交换周期很长，因此可视为封闭海湾。

在注入海湾的河流中，大河及评价等级为一、二级的中河，应考虑其对海湾流场和水质的影响；小河及评价等级为三级的中河可视为点源，对海湾流场的影响可忽略。

5. 污染源简化

根据建设项目污水排放方式和预测模式的要求，需要对污染源进行简化处理。包括排放方式和排放规律的简化、污染源数量的简化和无组织排放源的简化等。简化原则如下。

（1）排放方式和排放规律的简化　根据污染源的具体情况，排放方式可简化为点源和面源，排放规律可简化为连续恒定排放和非连续恒定排放。

（2）污染源数量的简化　当排入河流或大湖（库）的两排放口间距较近时，可以简化为一个排放口，其位置假设在两排放口之间，其排放量为两者之和。两排放口间距较远时，则需分别单独考虑。

对于受纳水体为小湖（库）的情况，由于水域面较小，污染物扩散相对简单，因此可以将排入湖（库）的所有排放口简化为一个排放口，其排放量为所有排放量之和。

对于排入海湾的两排放口，可根据评价工作等级进行简化，如果为一级和二级评价，并且排入海湾的两排放口间距小于沿岸方向差分网格的步长时，可以简化为一个排放口，其排放量为两者之和，如不是这种情况，可分别单独考虑。评价等级为三级时，海湾污染源简化与大湖（库）相同。

（3）无组织排放源的简化　从多个间距很近的排放口排水时，也可以简化为非点源。在地表水环境影响预测中，通常可以把排放规律简化为连续恒定排放。

四、预测结果与评价

1. 预测结果

列表给出水质预测结果，把预测值与评价标准直接对比，评价项目或规划实施后对水环境的影响范围和程度。

2. 评价结论

在工程分析和影响预测基础上，以法规、标准为依据，解释拟建项目引起水环境变化的重大性，同时辨识敏感对象对污染物排放的反应；对拟建项目的生产工艺、水污染防治与废水排放方案等提出意见；提出避免、消除和减少水体影响的措施和对策建议；得出拟建项目对地表水环境的影响是否能承受的结论。

3. 提出水环境保护措施建议

（1）污染物削减措施　污染物削减措施建议应尽量做到具体、可行，以便对建设项目的环境工程设计起指导作用。削减措施的评述，主要评述其环境效益（应说明排放物的达标情况），也可以做些简单的技术经济分析。在对项目进行排污控制方案比较之后，可以选择以下削减措施。

① 改革工艺，减少排污负荷量对排污量大或超标排污的生产装置，应提出相应的工艺改革措施，尽量采用清洁生产工艺，以满足达标排放。

② 节约水资源和提高水的循环使用率。对耗水量大的产品或生产工艺，应明确

提出改变产品结构或生产工艺的替代方案。努力提高水的循环回用率，这不仅可大量减少废水排放量，有益于地表水环境保护，而且可以大大减少用水量，节约水资源，这对北方和其他缺水地区尤其具有重要意义。

③ 对项目设计中所考虑的水处理措施进行论证和补充，并特别注意点源非正常排放的应急处理措施和水质恶劣的降雨初期径流的处理措施。

④ 选择替代方案靠近特殊保护水域的项目，通过其他措施难以充分克服其环境影响时，应根据具体情况提出改变排污口位置、压缩排放量以及重新选址等替代方案。

(2) 环境管理措施　环境管理措施建议包括：

① 环境监测计划，主要是建设项目施工期和运行期的监测计划，如有必要还可提出跟踪监测计划建议。监测计划应含监测点（断面）的布设、监测项目和监测频次等内容。

② 环境管理机构设置，主要包括环境管理机构、人员组成、职责范围以及相应的环境管理制度等内容，提出工程的水环境保护相关要求。

③ 环境监理措施，应提出工程施工期的环境监理要求。

④ 防止水环境污染事故发生的措施，主要包括污染控制、水污染事故风险防范措施、事故预报预警系统的实施等。

(3) 环境保护投资估算　根据水环境保护对策措施，估算水环境保护投资。环保投资应包括水土保持投资，可直接将建设项目水土保持方案中有关水环境保护的投资纳入。

  互动交流

说一说地表水环境影响评价中河流的简化原则。

 相关链接

科技名词：水环境保护

水环境保护

 复习与思考

1. 地表水环境水质影响预测的因子，应根据建设项目的工程分析和受纳水体的（　　）等进行筛选和确定。

A. 水环境状况

B. 评价工作等级

C. 当地环境管理的要求

D. 规模、流态

2. 水环境影响预测的方法有哪些？

思政融学拓展

2022年全国水生态环境质量持续改善

党的二十大报告指出，统筹水资源、水环境、水生态治理，推动重要江河湖库生态保护治理，基本消除城市黑臭水体。在党的二十大精神的引领下，我国生态环境保护取得积极成效。

据央视网报道，生态环境部于2023年2月22日举行例行新闻发布会，相关负责人介绍，2022年全国水生态环境质量持续改善。这种改善在长江和黄河生态保护、城市黑臭水体治理、饮用水水源保护方面都有体现。在长江、黄河生态保护修复治理方面，生态环境部积极推进长江流域水生态考核试点，开展水生态考核试点监测长江、渤海排污口溯源任务完成九成以上，推动解决两万多个污水直排、乱排问题，完成黄河中上游及汾河流域六省三市地市入河排污口排查。在城市黑臭水体治理方面，推进县级及县级市黑臭水地整治，地级及以上城市建成区黑臭水体基本消除，累计新建污水管网9.9万公里，新增污水处理能力4088万吨，每日用于黑臭水体整治的直接投资约1.5万亿元。在饮水水源保护方面，累计完成2804个集中式饮用水水源地、10363个问题整治，有力提升涉及7.7亿居民的饮用水安全保障水平。全国累计划定1.96万个乡镇级集中式饮用水水源保护区，农村自来水普及率达到了84%。

项目六
固体废物环境影响评价

模块一　固体废物环境影响评价概述

任务一　了解固体废物环境影响评价对象及特点

　知识目标　掌握固体废物、固体废物环境影响评价的基本概念。

　能力目标　能理解固体废物环境影响评价的主要内容。

　素质目标　培养学生认真细致、严谨求实的工作作风。

一、固体废物的概念

固体废物是指在生产、生活和其他活动中产生的丧失原有利用价值或者虽未丧失利用价值但被抛弃或者放弃的固态、半固态和置于容器中的气态的物品、物质以及法律、行政法规规定纳入固体废物管理的物品、物质。不能排入水体的液态废物和不能排入大气的置于容器中的气态废物，由于多具有较大的危害性，一般归入固体废物管理体系。

二、固体废物的来源和分类

1. 固体废物的来源

固体废物主要来源于人类的生产、消费和环境污染治理过程。在开发资源、制造产品的过程中必然产生废物；任何产品经过使用和消耗后，最终也都将变成废物。固体废物主要来自三个过程：生产过程、消费过程和环境污染治理过程。

2. 固体废物的分类

固体废物种类繁多，按其污染特性可分为一般废物和危险废物。按废物来源又可分为城市固体废物、工业固体废物和农业固体废物。

(1) **城市固体废物** 是指居民生活、商业活动、市政建设与维护、机关办公等过程产生的固体废物，一般分为以下几类：

① 生活垃圾：是指在日常生活中或者为日常生活提供服务的活动中产生的固体废物以及法律、行政法规规定视为生活垃圾的固体废物。主要包括厨余物、庭院废物、废纸、废塑料、废织物、废金属、废玻璃陶瓷碎片、砖瓦渣土以及废家具、废旧电器等等。

② 城建渣土：包括废砖瓦、碎石、渣土、混凝土碎块（板）等。

③ 商业固体废物：包括废纸、各种废旧的包装材料、丢弃的主副食品等。

④ 粪便：部分国家城市居民产生的粪便，大都通过下水道输入污水处理厂处理。

(2) **工业固体废物** 是指在工业生产活动中产生的固体废物，主要包括以下几类：

① 冶金工业固体废物：主要包括各种金属冶炼或加工过程中所产生的各种废渣，如高炉炼铁产生的高炉渣，平炉、转炉、电炉炼钢产生的钢渣，铜镍铅锌等有色金属冶炼过程产生的有色金属渣、铁合金渣及提炼氧化铝时产生的赤泥等。

② 能源工业固体废物：主要包括燃煤电厂产生的粉煤灰、炉渣、烟道灰、采煤及洗煤过程中产生的煤矸石等。

③ 石油化学工业固体废物：主要包括石油及加工工业产生的油泥、焦油页岩渣、废催化剂、废有机溶剂等，化学工业生产过程中产生的硫铁矿渣、酸渣碱渣、盐泥、釜底泥、精（蒸）馏残渣以及医药和农药生产过程中的医药废物、废药品、废农药等。

④ 矿业固体废物：矿业固体废物主要包括采矿废石和尾矿。废石是指各种金属、非金属矿山开采过程中从主矿上剥离下来的各种围岩，尾矿是指在选矿过程中提取精矿以后剩下的尾渣。

⑤ 轻工业固体废物：主要包括食品工业、造纸印刷工业、纺织印染工业、皮革工业等工业加工过程中产生的污泥、动物残物、废酸、废碱以及其他废物。

⑥ 其他工业固体废物：主要包括机加工过程产生的金属碎屑、电镀污泥、建筑废料以及其他工业加工过程产生的废渣等。

(3) **农业固体废物** 来自农业生产、畜禽饲养、农副产品加工过程，如农作物秸秆、农用薄膜及畜禽排泄物等。

(4) **危险废物** 泛指除放射性废物以外，因具有毒性、易燃性、反应性、腐蚀性、爆炸性、传染性而可能对人类的生活环境产生危害的废物。《中华人民共和国固体废物污染环境防治法》中规定："危险废物是指列入国家危险废物名录或者根据国家规定的危险废物鉴别标准和鉴别方法认定的具有危险特性的固体废物。"

3. 固体废物的特点

(1) **资源和废物的相对性** 固体废物具有鲜明的时间和空间特征。从时间方面讲，在目前的科学技术和经济条件下无法加以利用，但随着时间的推移、科学技术的发展以及人们的要求变化，今天的废物可能成为明天的资源。从空间角度看，废物仅仅相对于某一过程或某一方面没有使用价值，而并非在一切过程或一切方面都没有使用价值。一种过程的废物，往往可以成为另一种过程的原料。固体废物一般具有某些工业原材料所具有的化学、物理特性，且较废水、废气容易收集、运输、加工处理，因而可以回收利用。

（2）富集多种污染成分的终态，污染环境的"源头" 废水和废气既是水体、大气和土壤环境的污染源，又是接受其所含污染物的环境。固体废物则不同，它们往往是许多污染成分的终极状态。一些有害气体或飘尘，通过治理，最终富集成为固体废物；一些有害溶质和悬浮物，通过治理，最终被分离出来成为污泥或残渣；一些含重金属的可燃固体废物，通过焚烧处理，有害金属浓集于灰烬中。这些"终态"物质中的有害成分，在长期的自然因素作用下，又会转入大气、水体和土壤，故又成为大气、水体和土壤环境的污染"源头"。

（3）危害具有潜在性、长期性和灾难性 固体废物对环境的污染不同于废水、废气和噪声。固体废物呆滞性大，扩散性小，对环境的影响主要是通过水、气和土壤进行的。固态的危险废物具有呆滞性和不可稀释性，一旦造成环境污染，有时很难补救恢复。其中污染成分的迁移转化，如浸出液在土壤中的迁移，是一个比较缓慢的过程，其危害可能在数年以至数十年后才能发现。从某种意义上讲，固体废物，特别是危险废物对环境造成的危害可能要比水、气造成的危害严重得多。

三、固体废物环境影响评价的特点

1. 固体废物环境影响评价必须重视贮存和运输过程

一方面，由于国家要求对固体废物污染实行由产生、收集、贮存、运输、预处理直至处置全过程控制，在环境影响评价过程中必须包括所建项目涉及的各个过程。另一方面，为了保证固体废物处理、处置设施的安全稳定运行，必须建立一个完整的收集、贮存、运输体系，即在环境影响评价过程中收集、贮存、运输是与处理、处置设施构成一个整体的。固体废物的贮存可能对地表径流和地下水产生影响，运输可能对运输路线周围环境敏感目标造成影响。因此，固体废物环境影响评价必须要重视贮存和运输过程。

2. 固体废物环境影响评价没有固定的评价模式

对于废水、废气、噪声等的环境影响评价都有固定的数学模式或物理模型，而固体废物的环境影响评价则不同，它没有固定的评价模式。固体废物对环境的危害是通过水体、大气、土壤等介质体现出来的，这就决定了固体废物环境影响评价对水、大气、土壤等环境影响评价的依赖性。

 互动交流

固体废物环境影响评价有哪些特点？

 相关链接

国外如何进行垃圾分类

国外如何进行垃圾分类

复习与思考

1. 什么是固体废物?
2. 固体废物的来源有哪些?

任务二　掌握固体废物环境影响评价标准及内容

 知识目标　掌握固体废物环境影响评价的内容。

 能力目标　能使用固体废物环境影响评价的相关标准。

 素质目标　培养严谨求实的工作作风和岗位职业习惯。

一、固体废物环境影响评价标准

固体废物环境影响评价包括以下相关标准：
① 《生活垃圾填埋场污染控制标准》（GB 16889—2008）；
② 《一般工业固体废物贮存、处置场污染控制标准》（GB 18599—2020）；
③ 《危险废物贮存污染控制标准》（GB 18597—2023）；
④ 《危险废物填埋污染控制标准》（GB 18598—2019）；
⑤ 《危险废物焚烧污染控制标准》（GB 18484—2020）。

二、固体废物环境影响评价内容

固体废物的环境影响评价包括对一般工程项目产生的固体废物，由产生、收集、运输、处理到最终处置的环境影响评价；对固体废物处理、处置设施建设项目的环境影响评价两类。

1. 对一般工程项目产生的固体废物环境影响评价

（1）污染源调查　根据调查结果，要给出包括固体废物的名称、数量、组分、形态等内容的调查清单，并应按一般工业固体废物和危险废物分别列出。

（2）污染防治措施的论证　根据工艺过程、各个产出环节提出防治措施，并对防治措施的可行性加以论证。

（3）提出危险废物最终处置措施方案

① 综合利用　给出综合利用的废物名称、数量、性质、用途、利用价值、防止污染转移及二次污染措施、综合利用单位情况、综合利用途径、供需双方的书面协

议等。

② 焚烧处置 给出危险废物的名称、组分、热值、性态及在《国家危险废物名录》中的分类编号，并应说明处置设施的名称、隶属关系、地址、运距、路由、运输方式及管理。如处置设施属于工程范围内项目，则需要对处置设施建设项目单独进行环境影响评价。

③ 填埋处置 说明需要填埋的固体废物是否属于危险废物，若属于危险废物，应给出危险废物分类编号、名称、组分、产生量、性态、容量、浸出液组分及浓度以及是否需要固化处理等。

对填埋场应说明名称、隶属关系、厂址、运距、路线、运输方式及管理。如填埋场属于工程范围内项目，则需要对填埋场单独进行环境影响评价。

④ 委托处置 一般工程项目产出的危险废物也可采取委托处置的方式进行处理处置，受委托方须具有环境保护行政主管部门颁发的相应类别危险废物处理处置资质。在采取此种处置方式时，应提供与接收方的危险废物委托处置协议和接收方的危险废物处理处置资质证书，并将其作为环境影响评价文件的附件。

(4) 全过程的环境影响分析 固体废物本身是一个综合性的污染源，因此，预测其对环境的影响，重点是依据固体废物的种类、产生量及其管理的全过程可能造成的环境影响进行针对性的分析和预测，包括固体废物的分类收集，有害与一般固体废物、生活垃圾的混放对环境的影响；包装、运输过程中散落、泄漏的环境影响；堆放、储存场所的环境影响；综合利用、处理、处置的环境影响。

对于一般工程项目产生的固体废物将可能涉及收集、运输过程。为了保证固体废物妥善、安全地得到处理、处置，必须建立一个完整的收、储、运体系。这一体系中必然涉及运输方式、运输设备、运输路径、运输距离等，运输可能对路线周围环境敏感目标造成影响，如何规避运输风险也是环评的主要任务。

2. 对处理处置固体废物设施的环境影响评价

根据处理处置的工艺特点，依据环境影响评价技术导则、相应的污染控制标准进行环境影响评价，如一般工业废物贮存、处置场，危险废物贮存场所，生活垃圾填埋场，生活垃圾焚烧厂，危险废物填埋场，危险废物焚烧厂等。在这些工程项目污染物控制标准中，对厂（场）址选择、污染控制项目、污染物排放限值等都有相应的规定，是环境影响评价必须严格予以执行的。在预测分析中，需对固体废物堆放、贮存、转移及最终处置（如建设项目自建焚烧炉、自设填埋场）可能造成的对大气、水体、土壤的污染影响及对人体、生物的危害进行充分的分析与预测，避免产生二次污染。

 互动交流

固体废物的环境影响评价包括对一般工程项目产生的固体废物的环境影响评价和对固体废物处理、处置设施建设项目的环境影响评价。讲一讲对一般工程项目产生的固体废物环境影响评价包括哪些内容。

相关链接

危险化学品

 复习与思考

1. 固体废物影响评价包括哪些标准？
2. 固体废物环境影响评价包括哪两类？

危险化学品

模块二　固体废物处置影响评价

● 任务一　掌握生活垃圾（填埋场）处置影响评价 ●

 知识目标　了解垃圾填埋场对环境的主要影响。

 能力目标　能掌握垃圾填埋场环境影响评价的主要内容。

素质目标　培养质量意识、环保意识、安全意识。

一、垃圾填埋场对环境的主要影响

1. 垃圾填埋场的主要污染源

（1）渗滤液　城市生活垃圾填埋场渗滤液是一种高污染负荷且表现出很强的综合污染特征、成分复杂的高浓度有机废水，其性质在一个相当大的范围内变动。一般说来，城市生活垃圾填埋场渗滤液的 pH 值为 4～9，COD 为 2000～62000mg/L，BOD_5 为 60～45000mg/L，BOD_5/COD 值较低，可生化性差；重金属浓度和市政污水中重金属浓度基本一致。

鉴于填埋场渗滤液产生量及其性质的高度动态变化特性，评价时应选择有代表性的数值。一般来说，渗滤液的水质随填埋场使用年限的延长将发生变化。垃圾填埋场渗滤液通常可根据填埋场"年龄"分为两大类：

① "年轻"填埋场（填埋时间在 5 年以下）渗滤液的水质特点是：pH 值较低，

BOD_5 及 COD 较高,色度大,且 BOD_5/COD 的比值较高,同时各类重金属离子浓度也较高。

② "年老"填埋场(填埋时间一般在 5 年以上)渗滤液的主要水质特点是:接近中性或弱碱性(pH 值一般在 6~8),BOD_5 和 COD 较低,且 BOD_5/COD 的比值较低,而 NH_4^+-N 的浓度高,重金属离子浓度则开始下降(因为此阶段 pH 值较高,不利于重金属离子的溶出),渗滤液的可生化性差。

(2) 填埋场释放气体 填埋场释放气体由主要气体和微量气体两部分组成。

城市生活垃圾填埋场产生的气体主要为甲烷和二氧化碳,此外还含有少量的一氧化碳、氢气、硫化氢、氨气、氮气和氧气等,接受工业废物的城市生活垃圾填埋场产生的气体中还可能含有微量挥发性有毒气体。城市生活垃圾填埋场气体的典型组成(体积分数)为:甲烷 45%~50%,二氧化碳 40%~60%,氮气 2%~5%,氧气 0.1%~1.0%,硫化物 0%~1.0%,氨气 0.1%~1.0%,氢气 0%~0.2%,一氧化碳 0%~0.2%,微量组分 0.01%~0.6%;气体的典型温度达 43~49℃,相对密度为 1.02~1.06,为水蒸气所饱和,高位热值为 15630~19537kJ/m^3。

填埋场释放气体中的微量气体量很小,但成分却很多。国外通过对大量填埋场释放气体取样分析,发现了多达 116 种有机成分,其中许多可以归为挥发性有机组分(VOCs)。

2. 垃圾填埋场的主要环境影响

垃圾填埋场的环境影响包括多个方面,运行中的填埋场对环境的影响主要包括:

(1) 填埋场渗滤液泄漏或处理不当对地下水及地表水的污染;

(2) 填埋场产生气体排放对大气的污染、对公众健康的危害以及可能发生的爆炸对公众安全的威胁;

(3) 填埋场的存在对周围景观的不利影响;

(4) 填埋作业及垃圾堆体对周围地质环境的影响,如造成滑坡、崩塌、泥石流等;

(5) 填埋机械噪声对公众的影响;

(6) 填埋场滋生的害虫、昆虫、啮齿动物以及在填埋场觅食的鸟类和其他动物可能传播疾病;

(7) 填埋垃圾中的塑料袋、纸张以及尘土等在来不及覆土压实情况下可能飘出场外,造成环境污染和景观破坏;

(8) 流经填埋场区的地表径流可能受到污染。

封场后的填埋场对环境的影响减小,但填埋场植被恢复过程中种植于填埋场顶部覆盖层上的植物可能受到污染。

二、垃圾填埋场选址要求

《生活垃圾填埋场污染控制标准》(GB 16889—2008)对生活垃圾填埋场的选址要求做了以下明确规定。

（1）生活垃圾填埋场的选址应符合区域性环境规划、环境卫生设施建设规划和当地的城市规划。

（2）生活垃圾填埋场场址不应选在城市工农业发展规划区、农业保护区、自然保护区、风景名胜区、文物（考古）保护区、生活饮用水水源保护区、供水远景规划区、矿产资源储备区、军事要地、国家保密地区和其他需要特别保护的区域内。

（3）生活垃圾填埋场选址的标高应位于重现期不小于50年一遇的洪水位之上，并建设在长远规划中的水库等人工蓄水设施的淹没区和保护区之外。

拟建有可靠防洪设施的山谷型填埋场，并经过环境影响评价证明洪水对生活垃圾填埋场的环境风险在可接受范围内，前款规定的选址标准可以适当降低。

（4）生活垃圾填埋场场址的选择应避开下列区域：破坏性地震及活动构造区；活动中的坍塌、滑坡和隆起地带，活动中的断裂带；石灰岩溶洞发育带；废弃矿区的活动塌陷区；活动沙丘区；海啸及涌浪影响区；湿地；尚未稳定的冲积扇及冲沟地区；泥炭以及其他可能危及填埋场安全的区域。

（5）生活垃圾填埋场场址的位置及与周围人群的距离应依据环境影响评价结论确定，并经地方环境保护行政主管部门批准。

在对生活垃圾填埋场场址进行环境影响评价时，应考虑生活垃圾填埋场产生的渗滤液、大气污染物（含恶臭物质）、滋养动物（蚊、蝇、鸟类等）等因素，根据其所在地区的环境功能区类别，综合评价其对周围环境、居住人群的身体健康、日常生活和生产活动的影响，确定生活垃圾填埋场与常住居民居住场所、地表水域、高速公路、交通主干道（国道或省道）、铁路、飞机场、军事基地等敏感对象之间合理的位置关系以及合理的防护距离。环境影响评价的结论可作为规划控制的依据。

三、垃圾填埋场环境影响评价的主要工作内容

1. 场址选择评价

场址选择评价是填埋场环境影响评价的重要内容，主要是评价拟选场地是否符合选址标准。其方法是根据场地自然条件，采用选址标准逐项进行评判。评价的重点是场地的水文地质条件、工程地质条件、土壤自净能力等。

2. 自然、环境质量现状评价

自然现状评价要突出对地质现状的调查与评价。环境质量现状评价主要评价拟选场地及其周围的空气、地表水、地下水、噪声等环境质量状况。其方法一般是根据监测值与各种标准，采用单因子和多因子综合评判法。

3. 工程污染因素分析

对拟填埋垃圾的组分、预测产生量、运输途径等进行分析说明；对施工布局、施工作业方式、取土石区与弃渣点位设置及其环境类型和占地特点进行说明；分析填埋场建设过程中和建成投产后可能产生的主要污染源及其污染物，以及污染物的数量、种类、排放方式等，其方法一般采用计算、类比、经验统计等。污染源一般有渗滤液、释放气、恶臭、噪声等。

4. 施工期影响评价

主要评价施工期场地内排放生活污水，各类施工机械产生的机械噪声、振动以及二次扬尘对周围地区产生的环境影响。还应对施工期水土流失生态环境影响进行相应评价。

5. 水环境影响预测与评价

主要评价填埋场衬里结构的安全性以及结合渗滤液防治措施综合评价渗滤液的排出对周围水环境的影响，包括两方面内容：

（1）正常排放对地表水的影响：主要评价渗滤液经处理达到排放标准后排出，经预测并利用相应标准评价是否会对受纳水体产生影响及影响程度如何；

（2）非正常渗漏对地下水的影响：主要评价衬里破裂后渗滤液下渗对地下水的影响。

在评价时段上应体现对施工期、运营期和服务期满后的全时段评价。

6. 大气环境影响预测及评价

主要评价填埋场释放气体及恶臭对环境的影响。

（1）释放气体：主要根据排气系统的结构，预测和评价排气系统的可靠性、排气利用的可能性以及排气对环境的影响。预测模式可采用地面源模式。

（2）恶臭：主要评价运输、填埋过程中及封场后可能对环境的影响。评价时要根据垃圾的种类，预测各阶段臭气产生的位置、种类、浓度及其影响范围。在评价时段上应体现对施工期、运营期和服务期满后的全时段评价。

7. 噪声环境影响预测及评价

主要是评价垃圾运输、场地施工、垃圾填埋操作、封场各阶段由各种机械产生的振动和噪声对环境的影响。噪声评价可根据各种机械的特点进行机械噪声声压级预测，然后再结合卫生标准和功能区标准，评价是否满足噪声控制标准，是否会对最近的居民区点产生影响。

8. 污染防治措施

主要包括：①渗滤液的治理和控制措施及垃圾填埋场衬里破裂补救措施；②释放气的导排或综合利用措施及防臭措施；③减振防噪措施。

9. 环境经济损益评价

要计算评价污染防治设施投资，以及所产生的经济、社会、环境效益。

10. 其他评价项目

（1）结合垃圾填埋场周围的土地、生态情况，对土壤、生态、景观等进行评价；

（2）对洪涝特征年产生的过量渗滤液及垃圾释放气因物理、化学条件异变而产生垃圾爆炸等进行风险事故评价。

四、填埋废物的入场要求

1. 可进入生活垃圾填埋场填埋处置的废物

依据《生活垃圾填埋污染控制标准》（GB 16889—2008），填埋废物的入场要求如下：

(1) 可以直接进入生活垃圾填埋场填埋处置的固体废物：

① 由环境卫生机构收集或自行收集的混合生活垃圾，以及企事业单位产生的办公废物；

② 生活垃圾焚烧炉渣（不包括焚烧飞灰）；

③ 生活垃圾堆肥处理产生的固态残余物；

④ 服装加工、食品加工以及其他城市生活服务行业产生的性质与生活垃圾相近的一般工业固体废物。

(2)《医疗废物分类目录》中按标准要求处理后的感染性废物。

(3) 经处理后满足要求的生活垃圾焚烧飞灰和医疗废物焚烧残渣（包括飞灰、底渣）。

(4) 一般工业固体废物。

(5) 厌氧产沼等生物处理后的固态残余物、粪便经处理后的固态残余物和生活污水处理厂污泥经处理后含水率＜60％，可以进入生活垃圾填埋场填埋处置。

(2)、(3)、(4)、(5) 处理后满足相应要求的固体废物应由地方环境保护行政主管部门认可的监测部门检测、经地方环境保护行政主管部门批准后，方可进入生活垃圾填埋场。

2. 不得在生活垃圾填埋场中填埋处置的废物

(1) 满足入场要求的生活垃圾焚烧飞灰以外的危险废物；

(2) 未经处理的餐饮废物；

(3) 未经处理的粪便；

(4) 畜禽养殖废物；

(5) 电子废物及其处理处置残余物；

(6) 除本填埋场产生的渗滤液之外的任何液态废物和废水。

  互动交流

垃圾填埋场环境影响评价的主要工作内容有哪些？

  相关链接

卫生填埋

卫生填埋

  复习与思考

1. 垃圾填埋场的环境影响有哪些？
2. 简述垃圾填埋场环境影响评价的主要工作内容。

任务二　掌握危险废物处置工程影响评价

 知识目标　掌握危险废物评价的重点内容。

 能力目标　能鉴别危险废物。

 素质目标　培养认真细致、严谨求实的工作作风和岗位职业习惯。

《中华人民共和国固体废物污染环境防治法》规定："危险废物是指列入国家危险废物名录或者根据国家规定的危险废物鉴别标准和鉴别方法认定的具有危险特性的固体废物。"

国家危险废物鉴别标准规定了固体废物危险特性技术指标，危险特性符合标准规定技术指标的固体废物属于危险废物，须依法按危险废物进行管理。国家危险废物鉴别标准由《危险废物鉴别标准 通则》《危险废物鉴别标准 腐蚀性鉴别》《危险废物鉴别标准 急性毒性初筛》《危险废物鉴别标准 浸出毒性鉴别》《危险废物鉴别标准 易燃性鉴别》《危险废物鉴别标准 反应性鉴别》《危险废物鉴别标准 毒性物质含量鉴别》七个标准组成。

一、危险废物的鉴别程序

（1）依据法律规定和 GB 34330，判断待鉴别的物品、物质是否属于固体废物，不属于固体废物的，则不属于危险废物。

（2）经判断属于固体废物的，则首先依据《国家危险废物名录》鉴别。凡列入《国家危险废物名录》的固体废物，属于危险废物，不需要进行危险特性鉴别。

（3）未列入《国家危险废物名录》，但不排除具有腐蚀性、毒性、易燃性、反应性的固体废物，依据 GB 5085.1、GB 5085.2、GB 5085.3、GB 5085.4、GB 5085.5 和 GB 5085.6，以及 HJ 298 进行鉴别。凡具有腐蚀性、毒性、易燃性、反应性中一种或一种以上危险特性的固体废物，属于危险废物。

（4）对未列入《国家危险废物名录》且根据危险废物鉴别标准无法鉴别，但可能对人体健康或生态环境造成有害影响的固体废物，由国务院生态环境主管部门组织专家认定。

二、危险废物处置工程评价重点

1. 评价重点

（1）调查分析危险废物产生的数量、种类及特性，评价处理危险废物工艺可行性，是否达到废物利用、资源回收、清洁生产的要求。

（2）工程运行后对拟选场区范围内的地下水、地表水水质的影响。

（3）在分析拟选场址区内工程地质和水文情况的基础上，综合分析和判断项目选址的环境可行性。

（4）工程施工期和运行期对生态环境的影响。

2. 应注意的问题

（1）必须详细调查、了解和描述危险废物的产生量、种类和特性，这些关系到危险废物处置中心的建设规模、处置工艺。因为危险废物的来源复杂、种类繁多、特性各异，而且各种废物在产生数量上也有极大的差异，因此搞清废物来源、种类、特性，对于评价处置场规模、选址和工艺的可行性至关重要。

（2）危险废物安全处置中心的环境影响评价必须贯彻"全过程管理"的原则，包括收集、临时贮存、中转、运输、处置以及施工期和运营期的环境问题。

（3）对危险废物安全填埋处置工艺的各个环节进行充分分析，对填埋场的主要环境问题如渗滤液的产生、收集和处理系统以及填埋气体的导排、处理和利用系统进行重点评价，对渗滤液泄漏及污染物的迁移转化进行预测评价。对于配有焚烧设施的处置中心，还要对焚烧工艺和主要设施进行充分分析。

（4）危险废物处置工程的选址是一个比较敏感的问题，除了环境基本条件外，还有公众的心理影响因素，因此必须对场址的比选进行充分论证，做好公众参与的调查和分析工作。

（5）必须要有风险分析和应急措施，包括运输过程中产生的事故风险、填埋场渗滤液的泄漏事故以及入场废物的不相容性产生的事故风险。

三、危险废物处置工程选址环境可行性论证

危险废物处置工程选址环境可行性从以下几方面进行论证：

（1）自然环境　包括自然生态环境、地形条件、气象条件。

（2）工程条件　主要从地质水文条件论证。

（3）敏感点与项目所处位置、距离是否符合《危险废物填埋污染控制标准》中的要求。

（4）项目与周围环境的协调性　重点分析是否位于《危险废物填埋污染控制标准》中禁止选址的区域内。

（5）环境质量现状　重点从地表水环境质量现状和地下水环境质量现状论证。

（6）运行期环境影响　重点分析对地表水、地下水、声、自然生态的环境影响及风险影响论证。

（7）社会条件　主要包括水电设施、生产生活条件、交通运输等。

四、危险废物贮存污染控制要求

1. 危险废物集中贮存设施的选址要求

（1）地质结构稳定的区域内。

（2）设施底部必须高于地下水最高水位。

（3）依据环境影响评价结论确定危险废物集中贮存设施的位置及其与周围人群的距离，并经具有审批权的环境保护行政主管部门批准，同时作为规划控制的依据。

在对危险废物集中贮存设施场址进行环境影响评价时，应重点考虑危险废物集中贮存设施可能产生的有害物质泄漏、大气污染物（含恶臭物质）的产生与扩散以及可能的事故风险等因素，根据其所在地区的环境功能区类别，综合评价其对周围环境、居住人群的身体健康、日常生活和生产活动的影响，确定危险废物集中贮存设施与常住居民居住场所、农用地、地表水体以及其他敏感对象之间合理的位置关系。

（4）应避免建在溶洞区或易遭受严重自然灾害如洪水、滑坡、泥石流、潮汐等影响的地区。

（5）应建在易燃、易爆等危险品仓库和高压输电线路防护区域以外。

（6）应位于居民中心区常年最大风频的下风向。

（7）基础必须防渗，防渗层为至少 1m 厚的黏土层（渗透系数 $\leqslant 10^{-7}$ cm/s），或 2mm 厚的高密度聚乙烯，或至少 2mm 厚的其他人工材料，渗透系数 $\leqslant 10^{-10}$ cm/s。

2. 危险废物贮存设施的运行与管理

（1）从事危险废物贮存的单位，必须得到有资质单位出具的该危险废物样品物理和化学性质的分析报告，认定可以贮存后，方可接收。

（2）危险废物贮存前应进行检验，确保同预定接收的危险废物一致，并登记注册。

（3）不得接收未粘贴符合《危险废物贮存污染控制标准》规定的标签或标签没按规定填写的危险废物。

（4）盛装在容器内的同类危险废物可以堆叠存放。

（5）每个堆间应留有搬运通道。

（6）不得将不相容的废物混合或合并存放。

（7）危险废物产生者和危险废物贮存设施经营者均须做好危险废物情况的记录，记录上须注明危险废物的名称、来源、数量、特性和包装容器的类别、入库日期、存放库位、废物出库日期及接收单位名称。危险废物的记录和货单在危险废物回取后应继续保留三年。

（8）必须定期对所贮存的危险废物包装容器及贮存设施进行检查，发现破损，应及时采取措施清理更换。

（9）泄漏液、清洗液、浸出液必须符合《污水综合排放标准》的要求方可排放，气体导出口排出的气体经处理后，应满足《大气污染物综合排放标准》和《恶臭污染物排放标准》的要求。

3. 危险废物贮存设施的关闭

（1）危险废物贮存设施经营者在关闭贮存设施前应提交关闭计划书，经批准后方可执行。

（2）危险废物贮存设施经营者必须采取措施消除污染。

（3）无法消除污染的设备、土壤、墙体等按危险废物处理，并运至正在营运的危险废物处理处置场或其他贮存设施中。

（4）监测部门的监测结果表明已不存在污染时，方可摘下警示标志，撤离留守人员。

互动交流

你知道如何鉴别危险废物吗?

 相关链接

危险废物的转移和贮存

 复习与思考

1. 国家危险废物鉴别标准由哪几个标准组成?
2. 简述危险废物集中贮存设施的选址要求。

危险废物的
转移和贮存

模块三　固体废物污染控制与管理

● 任务一　了解固体废物污染控制管理原则与制度 ●

 知识目标　掌握我国环境影响评价制度的管理原则。

 能力目标　能熟悉固体废物污染控制管理制度。

 素质目标　培养学生崇尚宪法、遵法守纪、崇德向善、诚实守信的品德。

一、固体废物的管理原则

我国于 20 世纪 80 年代中期提出了以"资源化""无害化""减量化"作为控制固体废物污染的技术政策,并确定今后较长一段时间内应以"无害化"为主。

1."三化"原则

(1) 无害化　固体废物"无害化"处理的基本任务是将固体废物通过工程处理,达到不损害人体健康,不污染周围自然环境(包括原生环境与次生环境)的目的。

(2) 减量化　固体废物"减量化"的基本任务是通过适宜的手段减少和减小固体废物的数量和容积。这一任务的实现,须从两个方面着手,一是对固体废物进行处理利用，二是减少固体废物的产生。

（3）资源化　固体废物"资源化"的基本任务是采取工艺措施从固体废物中回收有用的物质和能源。固体废物"资源化"是固体废物主要归宿。

2. "全过程"管理原则

由于固体废物本身往往是污染的"源头"，故需要对其产生、收集、运输、利用、贮存、处理、处置实行全过程管理，在每一环节都将其作为污染源进行严格控制。

二、固体废物污染控制管理制度

1. 分类管理

固体废物具有量多面广、成分复杂的特点，需对城市垃圾、工业固体废物和危险废物等分类管理。《中华人民共和国固体废物污染环境防治法》第八十一条规定："禁止混合收集、贮存、运输、处置性质不相容而未经安全性处置的危险废物。""禁止将危险废物混入非危险废物中贮存。"

2. 工业固体废物申报登记制度

为了使环境保护部门掌握工业固体废物的种类、产生量、流向以及对环境的影响等情况，从而进行有效的固体废物全过程管理，《中华人民共和国固体废物污染环境防治法》要求对工业固体废物实施申报登记制度。

3. 固体废物污染环境影响评价制度及其防治设施的"三同时"制度

环境影响评价制度和"三同时"制度是我国环境保护的基本制度。

4. 排污收费制度

固体废物污染与废水、废气污染有着本质的不同，废水、废气进入环境后可以在环境当中经物理、化学、生物等途径稀释、降解，并且有着明确的环境容量。而固体废物进入环境后，不易被环境所接受，其稀释降解往往是个难以控制的复杂而长期的过程。因此，固体废物是严禁不经任何处理与处置排入环境当中的。固体废物排污费的交纳，是针对那些在按规定或标准建成贮存设施、场所前产生的工业固体废物而言的。

5. 限期治理制度

为了解决重点污染环境问题，对没有建设工业固体废物贮存或处理处置设施、场所或已建设施、场所但不符合规定的企业和责任者，实施限期治理、限期建成或改造。期限内仍不达标的，可采取经济手段甚至停产的手段进行处罚。

6. 进口废物审批制度

《中华人民共和国固体废物污染环境防治法》明确规定："禁止中华人民共和国境外的固体废物进境倾倒、堆放、处置"，"禁止经中华人民共和国过境转移危险废物"，"禁止进口不能用作原料或者不能以无害化方式利用的固体废物；对可以用作原料的固体废物实行限制进口和自动许可进口分类管理"。为贯彻这些规定，原国家环境保护部、对外贸易经济合作部、海关总署颁布《废物进口环境保护管理暂行规定》以及《国家限制进口的可用作原料的废物名录》，规定了废物进口的三级审批制度、风险评价制度和加工利用单位定点制度等。

7. 危险废物行政代执行制度

危险废物的有害性决定了其必须进行妥善处置。产生危险废物的单位，必须按照国家有关规定处置危险废物，不得擅自倾倒、堆放；不处置的，由所在地县级以上地方人民政府环境保护行政主管部门责令限期改正；逾期不处置或者处置不符合国家有关规定的，由所在地县级以上地方人民政府环境保护行政主管部门指定单位按照国家有关规定代为处置，处置费用由产生危险废物的单位承担。

8. 危险废物经营许可证制度

危险废物的危险特性决定了并非任何单位和个人都可以从事危险废物的收集、贮存、处理、处置等经营活动。必须由具备达到一定设施、设备、人才和专业技术能力并通过资质审查获得经营许可证的单位进行危险废物的收集、贮存、处理、处置等经营活动。

9. 危险废物转移报告单制度

这一制度是为了保证运输安全、防止非法转移和处置，保证废物的安全监控，防止事故的发生。

三、固体废物管理标准

1. 分类标准

主要包括《国家危险废物名录》《危险废物鉴别标准》《生活垃圾产生源分类及其排放》。

2. 方法标准

主要包括固体废物样品采样、处理及分析方法的标准。例如《固体废物 浸出毒性浸出方法水平振荡法》《工业固体废物采样制样技术规范》等。

3. 污染控制标准

污染控制标准是固体废物管理标准中最重要的标准，是环境影响评价制度、"三同时"制度、限期治理和排污收费等一系列管理制度的基础，可分为废物处置控制标准和设施控制标准两类。

（1）废物处置控制标准 是对某种特定废物的处置标准、要求。例如《含多氯联苯废物污染控制标准》即属此类标准。

（2）设施控制标准 目前已经颁布或正在制定的标准大多属于这类标准，如《一般工业固体废物贮存、处置场污染控制标准》《生活垃圾填埋场污染控制标准》《生活垃圾焚烧污染控制标准》《危险废物安全填埋污染控制标准》等。

4. 综合利用标准

为推进固体废物的资源化，并避免在废物资源化过程中产生二次污染，我国制定了一系列有关固体废物综合利用的规范和标准，如电镀污泥、磷石膏等废物综合利用的规范和技术规定。

互动交流

控制固体废物污染的技术政策是"资源化""无害化""减量化",谈一谈为什么要以"无害化"为主。

黄河流域
"清废行动"

 相关链接

黄河流域"清废行动"

 复习与思考

1. 简述控制固体废物污染的技术政策。
2. 固体废物的管理标准有哪些?

任务二 开展评价预测、总结评价结论与建议

 知识目标 掌握固体废物总量预测方法。

 能力目标 能利用固体废物环境影响预测分析方法解决实际问题。

 素质目标 培养时间观念和吃苦耐劳、虚心学习、热爱思考的意识。

一、固体废物总量预测

固体废物排放总量可由式(6-1)计算。

$$V = V_1 + V_2 \tag{6-1}$$

式中 V——预测年固体废物排放总量,10^4 t/a;
  V_1——预测年工业固体废物产生总量,10^4 t/a;
  V_2——预测年生活垃圾产生总量,10^4 t/a。

二、工业固体废物产生量预测

1. 冶金渣、粉煤灰、煤矸石等采用的预测模型

$$V_i = S_v W_v \tag{6-2}$$

$$V_s = S_D D_i \tag{6-3}$$

式中 V_i——预测年废渣排放量,10^4 t/a;

V_s——预测年粉煤灰等工业废渣排放量，10^4 t/a；

S_v——排放系数（工业产品）；

S_D——排放系数（t/万元）；

W_v——预测年产品产量，10^4 t/a；

D_i——预测年工业产值，10^4 t/a。

2. 回归分析法预测固体废物产生量

根据调查资料分析，燃烧量与粉煤灰发生量有 $y=a+bx$ 关系。还可以建立固体废物排放总量与工业总产值、原煤总产量、工业用煤总量三个因素的多元回归模型。其数学表达式为：

$$y=b_0+b_1x_1+b_2x_2+b_3x_3 \quad (6-4)$$

3. 考虑技术进步因素可采用的预测模型

$$V_i=V_0(1-K)^{\Delta t} \cdot D_i \quad (6-5)$$

式中　V_i——预测年废渣排放量，10^4 t/a；

　　　V_0——基准年废渣排放量，10^4 t/a；

　　　D_i——预测年工业总产值，10^4 t/a；

　　　K——递减率，%；

　　　Δt——基准年至预测年的时段。

4. 固体废物积存量预测

$$V_{st}=aV(1+\gamma_p)^{\Delta t}+V_{s0} \quad (6-6)$$

式中　V_{st}——预测年废渣积存量，10^4 t/a；

　　　a——产渣系数，吨产品出渣量；

　　　V——基准年产量或消耗量，10^4 t/a；

　　　γ_p——年废渣增长，%；

　　　Δt——由基准年起到预测年的时段；

　　　V_{s0}——基准年废渣积存量，10^4 t/a。

三、固体废物环境影响预测分析

固体废物对环境的影响是综合性的，产生的污染影响也是多方面的。固体废物会占用大面积的土地，其占地面积可由下式求出：

$$A=\frac{BW}{\rho} \quad (6-7)$$

式中　A——占地面积；

　　　B——占地系数；

　　　W——年排渣量或废渣累积量，10^4 t；

　　　ρ——废渣密度，t/m³。

据计算约 2 万吨废渣需占一亩（15 亩＝1 公顷）土地。废渣在大自然的作用下，使空气中总悬浮微粒增加，污染大气环境，污染水环境，破坏植被，污染土地，降低土地的利用价值。

四、城市垃圾产生量及环境影响预测分析

1. 城市垃圾产生量预测

$$V_{生} = f_v N_i \tag{6-8}$$

式中　$V_{生}$——预测年城市垃圾产生总量，10^4t/a；

　　　f_v——排放系数，kg/(人·d)；

　　　N_i——预测年人口总数。

排放系数一般根据调查统计资料结合经验判断确定。中小城市一般生活垃圾为每人每天 1~2kg，粪便 1kg/(人·d)（湿重）。

生活垃圾也可应用回归模型进行预测，只要有近十年的统计数字，找出人口与垃圾产生量的相关关系，即可建立回归模型。

2. 城市生活垃圾环境影响分析

研究者通过研究得出结论，下式可作参考（P_y 为环境影响评价值）。

$$P_y = R D_u L_x \cdot \frac{1}{G} \tag{6-9}$$

式中　R——溶出系数；

　　　D_u——毒性系数；

　　　L_x——可利用系数；

　　　$\dfrac{1}{G}$——堆存系数。

 互动交流

谈一谈固体废物会产生哪些环境影响，并举例说明。

 相关链接

我国防治"白色污染"措施

 复习与思考

1. 简述固体废物总量预测方法。
2. 简述城市垃圾产生量预测方法。

我国防治"白色污染"措施

项目七
其他类型环境影响评价

模块一 声环境影响评价

任务一 了解声环境影响评价因子及评价量计算

 知识目标 了解噪声基本参数定义。

 能力目标 能够进行简单的噪声评价量计算。

 素质目标 理解噪声评价数据对噪声防治的重要意义。

一、声环境影响评价因子

1. 基本参数

（1）波长　声通过声源振动产生声波，声波通过传播介质使传播介质中的质点发生振动，交替地达到最高值和最低值，相邻两个最高值或最低值之间的距离叫**波长**，用 λ 表示，单位为 nm。

（2）频率　单位时间内发声体引起周围介质中质点振动的次数，叫**频率**，用 f 表示，单位为赫兹（Hz）。人耳能听到的声波频率范围是 20~20000Hz，低于 20Hz 的声波为次声波，高于 20000Hz 的声波为超声波。

（3）声速　单位时间内声波在传播介质中通过的距离叫**声速**，用 c 表示，单位为 m/s。声速的大小与介质的密度和温度有关。介质的温度越高，声速越快；介质的密度越大，声速越快。

2. 声压与声压级

（1）声压　声波在介质中传播时所引起的介质压强的变化，叫**声压**，用 p 表示，单位为 Pa。声波作用于介质时瞬间引起的介质内部压强的变化，称为瞬间声压。一段时间内瞬时声压的均方根称为有效声压,用于描述介质所受声压的有效值,实际中常用有效声压代替声压。

(2) 声压级 对于 1000Hz 的声波,人耳能听到的最低声压为 2×10^{-5} Pa,叫人耳感到疼痛的声压为 20Pa,称为痛阈。二者相差 6 个数量级,使用起来非常不便,因此,以人耳对 1000Hz 声音的听阈值为基准声压,用声压比的对数值表示声音的大小,称为**声压级**,用 L_p 表示,单位为分贝(dB),无量纲。某一声压 p 的声压级表示为:

$$L_p = 20\log\left(\frac{p}{p_0}\right) \tag{7-1}$$

式中,p_0 为基准声压,$p_0 = 2\times10^{-5}$ Pa。

3. 声强与声强级

(1) 声强 声波在媒质中传播时伴随着声能流。在声场中某一点,通过垂直于声波传播方向的单位面积在单位时间内所传过的声能,称为在该点声传播方向上的**声强**,符号为 I,单位为 W/m²。声强与声压关系密切,在噪声测量中,声压比声强更容易直接测量,因此往往根据声压测定的结果间接求出声强。

声强与介质属性有密切关系,常温下:

$$I = \frac{p^2}{(\rho C)} \tag{7-2}$$

式中 ρ——介质密度,kg/m³;
  C——声速,m/s。

(2) 声强级 一个声音的声强级用该声音的声强与基准声强(I_0)的比值的对数表示声强级,用 L_I 表示。某一点声强级为:

$$L_I = 10\log\left(\frac{I}{I_0}\right) \tag{7-3}$$

式中 L_I——对应于声强为 I 的声强级,dB;
  I_0——基准声强,在噪声测量中通常采用 $I_0 = 10^{-12}$ W/m²。

4. 声功率和声功率级

(1) 声功率 声源在单位时间内发射出的总声能量,叫**声功率**,用 W 表示,单位为瓦(W)。声功率是反映声源辐射声能本领大小的物理量,与声强、声压等物理量有密切关系:

$$W = IS \tag{7-4}$$

式中,S 为声波传播中通过的面积,m²。

(2) 声功率级 与声压级和声强级相似,**声功率级**可由声功率与基准声功率比值的对数表示:

$$L_W = 10\log\left(\frac{W}{W_0}\right) \tag{7-5}$$

式中 L_W——对应于声功率为 W 的声功率级,dB;
  W_0——基准声功率,在噪声测量中目前采用 $W_0 = 10^{-12}$ W。

二、评价量计算

声环境影响评价中,由于声源不同,产生的声音强弱和频率高低也不同,有些声波是连续稳态的,有些是间歇非稳态的,同时声音在不同时空范围内对人的影响程度不同,对此需要采用不同的评价量进行评价。

1. A 声级

环境噪声的度量与噪声本身的特性和人耳对声音的主观听觉有关。人耳对声音的感觉不仅与声压级有关,而且与频率有关,声压级相同而频率不同的声音,听起来不一样响,高频的声音听起来比低频率声音响,根据人耳的这种听觉特性,在声学测量仪器中设计了一种特殊的滤波器,称为计权网络。当声音进入该网络时,中低频率的声音按比例衰减通过,而 1000Hz 以上的高频声则无衰减通过。通常有 A、B、C、D 计权网络,其中被 A 网络计权的声压级称为 A 声级 L_A,单位为 dB。A 声级较好地反映了人们对噪声的主观感觉,是模拟人耳对 55dB 以下低强度噪声的频率特性而设计的,用来描述声环境功能区的声环境质量和声源源强,几乎成为了一切噪声评价的基本量。

在规定的测量时段内或对于某独立的噪声事件,测得的 A 声级最大值,称为最大 A 声级,记为 L_{max},单位为 dB(A)。对声环境中声源产生的偶发、突发、频发噪声,或非稳态噪声,采用最大 A 声级描述。

2. 等效声级

对于非稳态噪声,在声场内的某一点上,将某一时段内连续变化的不同 A 声级的能量进行平均以表示该时段内噪声的大小,称为等效连续 A 声级,简称等效声级,记为 L_{eq},单位为 dB(A)。其数学表达式为:

$$L_{eq} = 10\log\left[\frac{1}{T}\int_0^T 10^{0.1L_A(t)} dt\right] \tag{7-6}$$

式中　L_{eq}——在 T 段时间内的等效连续 A 声级,dB(A);

　　　$L_A(t)$——t 时刻的瞬间 A 声级,dB(A);

　　　T——连续取样的总时间,min。

实际测量时常采用等时间间隔取样,因此,等效连续 A 声级也可用下式表示:

$$L_{eq} = 10\log\left[\frac{1}{T}\sum_{i=0}^N 10^{0.1L_{Ai}}\right] \tag{7-7}$$

式中　L_{eq}——N 次取样的等效连续 A 声级,dB(A);

　　　L_{Ai}——第 i 次取样的 A 声级,dB(A);

　　　N——取样的总次数。

噪声在昼间(6:00～22:00)和夜间(22:00～次日 6:00)对人的影响程度不同,为此利用等效连续声级分别计算昼间等效声级(昼间时段内测得的等效连续 A 声级)和夜间等效声级(夜间时段内测得的等效连续 A 声级),并分别采用昼间等效声级(L_d)和夜间等效声级(L_n)作为声环境功能区的声环境质量评价量和厂界(场界、边界)噪声的评价量。

3. 计权等效连续感觉噪声级

计权等效连续感觉噪声级用于评价飞机（起飞、降落、低空飞越）通过机场周围区域时造成的声环境影响。其特点是同时考虑24h内飞机通过某一固定点所产生的总噪声级和不同时间内飞机对周围环境造成的影响，用 L_{WECPN} 表示，单位为 dB。

4. 累积百分声级

累积百分声级是指占测量时间段一定比例的累积时间内 A 声级的最小值，用作评价测量时段内噪声强度时间统计分布特征的指标，因此又称统计百分声级，记为 L_N。常用 L_{10}、L_{50}、L_{90}。L_{10} 表示10%的时间超过的噪声级，相当于噪声平均峰值；L_{50} 表示50%的时间超过的噪声级，相当于噪声平均中值；L_{90} 表示90%的时间超过的噪声级，相当于噪声平均底值。

在实际工作中，常将测得的 100 个或 200 个数据按照从小到大的顺序进行排列，总数为 100 个数据的第 10 个或总数为 200 个数据的第 20 个代表 L_{10}，第 50 个或者第 100 个数据代表 L_{50}，第 90 个或第 180 个数据代表 L_{90}。由此而产生的 3 个噪声级可按式(7-8)近似求出测量时段内的等效噪声声级 L_{eq}。

$$L_{eq} \approx L_{50} + \frac{(L_{10} - L_{90})^2}{60} \tag{7-8}$$

三、噪声级的基本计算

噪声的相关计算中，声源的声能量可以进行代数加、减、乘、除运算，如两个声源的声功率分别为 W_1 和 W_2，总声功率 $W_总 = W_1 + W_2$，但声压不能直接进行加、减、乘、除运算，必须采用能量平均的方法对其进行运算。

1. 噪声级的叠加

在声环境影响评价中经常要进行多声源的叠加或噪声贡献值与噪声现状本底值的叠加。声级的叠加是按照能量（声功率或声压平方）相加的。

设有两个声压级 L_1 和 L_2 相叠加，对应的声压分别为 p_1 和 p_2，叠加后总声压为 p_{1+2}，基准声压为 p_0，则

$$L_1 = 20\lg \frac{p_1}{p_0}, L_2 = 20\lg \frac{p_2}{p_0}$$

由于 $p_1^2 + p_1^2 = p_{1+2}^2$，经推导可得：

$$L_{1+2} = 10\lg(10^{\frac{L_1}{10}} + 10^{\frac{L_2}{10}})$$

同理可推导出，N 个声源叠加，得到的总声压级为：

$$L_总 = 10\lg \left[\sum_{i=1}^{N} (10^{\frac{L_i}{10}}) \right] \tag{7-9}$$

式中　$L_总$——各声源叠加后的总声压级；

N——叠加的声源总数；

L_i——第 i 个叠加的声源。

实际工作中通常使用查表法确定总声压级，根据两噪声源声压级（设 $L_1 > L_2$）的数值之差（$L_1 - L_2$），通过表 7-1 查出对应的增值 ΔL，再将此增值直接加到声压

级数值大的 L_1 上，所得结果即为总声压级之和。

表 7-1 噪声级叠加时声压级差及其增值　　　　　　　　　　　单位：dB

L_1-L_2	0	1	2	3	4	5	6	7	8	9	10
增值 ΔL	3	2.5	2.1	1.8	1.5	1.2	1.0	0.8	0.6	0.5	0.4

【例 7-1】噪声源 1 和 2 在 M 点产生的声压级 $L_1=L_2=80\text{dB}$，求叠加后的总声压级 L_{1+2}。

解：(1) 利用公式法：$L_{1+2}=10\lg\left(10^{\frac{L_1}{10}}+10^{\frac{L_2}{10}}\right)=10\lg\left(10^{\frac{80}{10}}+10^{\frac{80}{10}}\right)=83(\text{dB})$；

(2) 利用查表法：两者之差为 0，查表 7-1 得 $\Delta L=3\text{dB}$，
则 $L_{1+2}=3+80=83(\text{dB})$。

2. 噪声级的相减

在声环境影响评价中，对于已经确定噪声级限值的声场，有时需要通过噪声级的相减计算确定新引进噪声源的噪声级限值，有时需要在噪声测量中通过相减计算减去背景噪声，其计算式为：

$$L_2=10\lg\left(10^{\frac{L_\text{总}}{10}}-10^{\frac{L_1}{10}}\right) \tag{7-10}$$

实际工作中通常使用查表法，根据两噪声源的总声压级与其中一个噪声源的声压级的数值之差（$L_\text{总}-L_1$），查出对应的增值 ΔL，再用总声压级减去此增值，所得结果即为另一个噪声源的声压级 L_2。

表 7-2 噪声级相减时声压级差及其增值　　　　　　　　　　　单位：dB

$L_\text{总}-L_1$	1	2	3	4	5	6	7	8	9	10
增值 ΔL	6.8	4.3	3	2.2	1.6	1.3	1.0	0.8	0.6	0.5

【例 7-2】已知两个声源在 M 点的总声压级 $L_{1+2}=100\text{dB}$，其中一个声源在该点的声压级为 $L_1=99\text{dB}$，求另一个声源的声压级 L_2。

解：(1) 利用公式法：

$$L_2=10\lg\left(10^{\frac{L_\text{总}}{10}}-10^{\frac{L_1}{10}}\right)=10\lg\left(10^{\frac{100}{10}}-10^{\frac{99}{10}}\right)=93.1(\text{dB})；$$

(2) 利用查表法：两者之差为 1，查表 7-2 得 $\Delta L=6.8$，则
$$L_2=100-6.8=93.2(\text{dB})。$$

3. 噪声级的平均值

若某声场中的环境噪声为非稳态噪声，则需要将各个噪声源的声压级通过能量平均的方法求得平均值，再进行相关评价。其计算式为：

$$\overline{L}=10\lg\left(\frac{1}{N}\sum_{i=1}^{N}10^{\frac{L_i}{10}}\right)=10\lg\sum_{i=1}^{N}10^{\frac{L_i}{10}}-10\lg N \tag{7-11}$$

式中 $\overline{L}$——N 个噪声源的平均声源；

N——叠加的声源总数；

L_i——第 i 个叠加的声源。

 互动交流

如何形容声压、声强与声功率之间的关系？

 相关链接

声压、声功率与声强的联系与区别

声压、声功率与声强的联系与区别

 复习与思考

1. 声环境影响评价因子有哪些？
2. 什么是 A 声级？什么是等效声级？
3. 已知两个声源在 M 点的总声压级 $L_{1+2}=80\text{dB}$，其中一个声源在该点的声压级为 $L_1=77\text{dB}$，求另一个声源的声压级 L_2。

任务二　掌握声环境影响评价等级与要求

 知识目标　了解声环境影响评价等级的划分依据。

 能力目标　能够根据不同评价区域情况确定其声环境影响评价等级。

 素质目标　根据评价等级确定评价要求。

声环境影响评价是按照我国相关法律法规要求，对建设项目和规划实施过程中产生的声环境影响进行分析、预测、评价，并提出相应的噪声污染防治对策和措施。

一、评价等级

以建设项目所在区域的声环境功能区类别、建设项目建设前后所在区域的声环境质量变化程度以及受建设项目影响的人口数量为主要依据，将声环境影响评价等级从高到低依次分为一级、二级、三级，三级为简要评价，见表 7-3。

表 7-3　声环境影响评价等级及其划分依据

评价等级	划分依据		
	声环境功能区类别	敏感目标噪声级增高量/dB(A)	受影响人口数量
一级	0 类	>5	显著增多
二级	1 类,2 类	3～5	增加较多
三级	3 类,4 类	<3	变化不大

注：在确定评价等级时，如果建设项目符合两个等级的划分原则，按较高等级评价。机场建设项目航空器噪声影响评价等级为一级。

对于不同建设项目，评价范围不同等级不同。

1. 固定声源为主的建设项目

此类项目包括工厂、港口、施工工地、铁路站场等。一级评价项目一般以建设项目边界向外 200m 为评价范围；二级、三级评价范围可根据建设项目所在区域和相邻区域的声环境功能类别及敏感目标等实际情况适当缩小。如果依据建设项目声源计算得到的贡献值在 200m 处仍不能满足相应功能区标准值时，应将评价范围扩大到满足标准值的距离。

2. 陆地线路和水运线路为主的建设项目

此类项目包括城市道路、公路、铁路、城市轨道交通、水上航运等。一级评价项目一般以道路中心线外两侧 200m 以内为评价范围；二级、三级评价范围的确定与固定声源为主的建设项目二、三级评价范围的确定一致。

3. 机场周围飞机噪声评价范围

此项是根据飞行量计算到 L_{WECPN} 为 70dB 的区域。一级评价项目一般以主要航迹距离跑道两端各 6～12km，侧向各 1～2km 的范围为评价范围；二级、三级评价范围可根据项目所处区域的声环境功能区类别及敏感目标等实际情况适当缩小。

二、评价要求

声环境影响的评价要求与评价等级密切相关，各级评价的具体要求如下。

1. 一级评价的基本要求

（1）在工程分析中，给出建设项目对环境有影响的主要声源的数量、位置和源强，并在标有比例尺的图中标识固定声源的具体位置或流动声源的路线、跑道等。当缺少声源源强的相关资料时，要通过类比测量取得，同时给出类比测量的条件。

（2）实测评价范围内具有代表性的敏感目标的声环境质量现状，并对实测结果进行评价，分析现状声源的构成及其对敏感目标的影响。

（3）噪声预测覆盖全部敏感目标，给出中敏感目标的预测值及厂界（场界、边界）噪声值。对固定声源评价、机场周围飞机噪声评价、流动声源经过城镇建成区和规划区路段的评价应绘制等声级线图。当敏感目标高于或等于三层建筑时，应绘制垂直方向的等声级线图。给出建设项目建成后不同类别声环境功能区受影响的人口分布、噪声超标的范围和程度。

（4）对工程预测的不同时段噪声级可能发生变化的建设项目，应分别预测其不同时段的噪声级。

(5) 当工程可行性研究和评价中提出不同的选址（选线）和建设布局方案时，应对不同方案中噪声影响的人口数量及程度进行比选，从声环境保护角度提出最终的推荐方案。

(6) 针对建设项目的工程特点和所在区域的环境特征提出噪声防治措施，并进行经济、技术可行性论证，明确防治措施的最终降噪效果和达标分析。

2. 二级评价的基本要求

(1) 在工程分析中，给出建设项目对环境有影响的主要声源的数量、位置和源强，并在标有比例尺的图中标识固定声源的具体位置或流动声源的路线、跑道等。当缺少声源源强的相关资料时，要通过类比测量取得，同时给出类比测量的条件。

(2) 评价范围内具有代表性的敏感目标的声环境质量现状以实测为主，可适当利用评价范围内已有的声环境质量监测资料，对声环境质量现状进行评价。

(3) 应对评价范围内的全部敏感目标进行噪声预测，明确各敏感目标的预测值及厂界（场界、边界）噪声值。根据评价需要绘制等声级线图，给出建设项目建成后不同类别的声环境功能区内受影响的人口分布、噪声超标的范围和程度。

(4) 对工程预测的不同时段噪声级可能发生变化的建设项目，应分别预测其不同时段的噪声级。

(5) 对工程可行性研究和评价中提出的不同选址（选线）和建设布局方案，从声环境保护角度进行合理性分析。

3. 三级评价的基本要求

(1) 在工程分析中，给出建设项目对环境有影响的主要声源的数量、位置和源强，并在标有比例尺的图中标识固定声源的具体位置或流动声源的路线、跑道等。当缺少声源源强的相关资料时，要通过类比测量取得，同时给出类比测量的条件。

(2) 重点调查评价范围内主要敏感目标的声环境质量现状，可利用评价范围内已有的声环境质量监测资料，若无现状监测资料时要进行实测，同时对声环境质量现状进行评价。

(3) 噪声预测应给出建设项目建成后各敏感目标的预测值及厂界（场界、边界）噪声值，分析敏感目标受影响的范围和程度。

(4) 针对建设项目工程特点和所在区域环境特征提出噪声防治措施，并进行达标分析。

 互动交流

说一说，固定声源为主的建设项目、陆地线路和水运线路为主的建设项目以及机场周围飞机噪声评价等级为何不同？

噪声等级与标准

 相关链接

噪声等级与标准

复习与思考

1. 声环境影响评价工作等级划分的依据是什么？
2. 一级噪声环境影响评价的基本要求是什么？

任务三　开展声环境影响评价预测

 知识目标　了解噪声预测的声源信息与参数。

 能力目标　能够根据噪声声源信息与参数对声环境影响进行大概的预测。

 素质目标　掌握几种声级预测方法。

一、预测范围

声环境影响预测范围应与评价范围相同。

二、预测点和评价点确定原则

建设项目评价范围内声环境保护目标和建设项目厂界（场界、边界）应作为预测点和评价点。

三、预测基础数据规范与要求

1. 声源数据

建设项目的声源数据主要包括声源种类、数量、空间位置、声级、发声持续时间和对声环境保护目标的作用时间等，环境影响评价文件中应标明噪声源数据的来源。工业企业等建设项目声源置于室内时，应给出建筑物门、窗、墙等围护结构的隔声量和室内平均吸声系数等参数。

2. 环境数据

影响声波传播的各类参数应通过资料收集和现场调查取得，各类数据如下：

（1）建设项目所处区域的年平均风速和主导风向、年平均气温、年平均相对湿度、大气压强；

（2）声源和预测点间的地形、高差；

（3）声源和预测点间障碍物（如建筑物、围墙等）的几何参数；

（4）声源和预测点间树林、灌木等的分布情况以及地面覆盖情况（如草地、水面、水泥地面、土质地面等）。

四、预测方法

声环境影响可采用参数模型、经验模型、半经验模型进行预测，也可采用比例预测法、类比预测法进行预测。

在声环境影响评价中，经常根据靠近发声源某一位置（参照点）处的已知声级计算距离声源较远处预测点的声级。由于预测过程中遇到的声源经常是多种声源的叠加，故一般需要根据其时空分布情况进行简化处理。

对厂界环境噪声进行影响预测时各受声点的噪声预测值应为背景噪声值与新增贡献值的叠加之和。对于改扩建工程，若有声源拆除时，应减去相应的噪声值。对厂界外噪声敏感点进行影响预测时采用同样的方式给出各计算点的预测值，如果预测值超过环境噪声标准要求，应结合控制措施进行复测。

五、预测步骤

第一步，根据声源性质及预测点与声源之间距离等情况，把声源简化成点声源、线声源或面声源，建立坐标系，确定各声源坐标和预测点坐标。

第二步，根据获得的声源源强数据和各声源到预测点的声波传播条件资料，采用声级预测中相应预测模式计算噪声从各声源传播到预测点的声衰减量，由此计算出各声源单独作用于预测点时产生的 A 声级或等效声级。

第三步，确定预测计算的时间段 T，并确定各个声源发声的持续时间 t。

第四步，计算预测点在 T 时间段内的等效连续声级。

第五步，计算各预测点的声级，采用双三次拟合法、按距离加权平均法、按距离加权最小二乘法等数学方法计算并绘制等声级线。

等声级线的间隔一般选 5dB，对于等效声级 L_{eq}，等声级线最低值应与相应功能区夜间标准值一致，最高值可为 75dB；对于计权等效连续感觉噪声级 L_{WECPN}，一般应有 70dB、75dB、80dB、85dB、90dB 的等声级线。等声级线图能直观地显示建设项目的噪声级分布，为分析功能噪声超标状况提供方便，并为城市规划和城市环境管理提供科学依据。

六、声级预测

1. 计权等效连续感觉噪声级预测

采用一日计权等效连续感觉噪声级评价飞机通过机场周围区域时造成的声环境影响，计算式为：

$$L_{WECPN}=\overline{L}_{EPN}+10\lg(N_1+3N_2+10N_3)-39.4 \tag{7-12}$$

式中，N_1、N_2、N_3 分别为白天 7～19 点、傍晚 19～22 点、夜间 22 点～次日 7 点对某个预测点声环境产生噪声影响的飞行架次；$\overline{L}_{EPN}$ 为 N 次飞行有效感觉噪声级能量平均值（$N=N_1+N_2+N_3$），dB。

其计算式为：

$$\overline{L}_{EPN} = 10\lg\left(\frac{1}{N_1+N_2+N_3}\sum_j\sum_i 10^{\frac{L_{EPNij}}{10}}\right) \tag{7-13}$$

式中，L_{EPNij} 为第 j 次航路第 i 架飞机在预测点产生的有效感觉噪声级。

2. 预测点的等效声级预测

预测点的等效声级预测是先求出建设项目本身声源在预测点的等效声级贡献值，计算式为：

$$L_{eqg} = 10\lg\left(\frac{1}{T}\sum_i t_i 10^{\frac{L_{Ai}}{10}}\right) \tag{7-14}$$

再将其与预测点处的噪声背景值进行叠加计算：

$$L_{eq} = 10\lg(10^{\frac{L_{eqg}}{10}} + 10^{\frac{L_{eqb}}{10}}) \tag{7-15}$$

式中，L_{eqb} 为建设项目声源在预测点的等效声级贡献值，dB（A）。

互动交流

说一说，声级预测的几种方法各适用于哪些场景？

相关链接

各种噪声的形成

各种噪声的形成

复习与思考

1. 声环境影响预测中主要考虑哪些衰减过程？
2. 声环境影响预测内容和预测步骤是什么？

任务四 给出评价结论、防治措施及建议

知识目标　　了解给出声环境影响评价结论的基本步骤和方法。

能力目标　　能够通过对声环境影响预测、评价与分析，给出评价结论。

素质目标　　能够根据声环境影响评价结论提出防治措施和建议。

通过对建设项目声环境影响进行预测、评价和分析后，须从区域规划、项目建设选址（选线）布局的合理性、防治噪声设施的技术有效性、经济可行性以及声环境质量功能是否达标等方面给出明确的建设项目是否可行的结论。若建设项目中存在噪声

超标问题，还应给出相应的噪声防治措施和建议。

一、布局规划建议

首先应从布局规划角度分析建设项目的选址、规划布局、总图布局和设备布局等的合理性。采用"闹静分开"和"合理布局"的设计原则进行调整设计。例如噪声严重的项目不应建设在距离居住区较近的地方，应该集中设置在远离敏感目标的区域，并且可以考虑利用山丘、土坡、地堑、围墙等自然地形将噪声源与敏感目标隔离开以降低噪声。

二、技术措施

技术上可以从噪声的源头、传播途径及受声敏感目标三方面进行防控。

1. 噪声源防控

通过改进设备的机械设计、生产工艺、设备结构和开关、改进传动装置或选用发声小的材料及低噪声设备等，可以消除噪声源头或减弱噪声源头发出噪声的强度，这是从根本上控制噪声的技术措施。例如压力式打桩机代替柴油打桩机，把铆接工艺改为焊接工艺，用液压代替锻压等。此外，经常对设备进行维护保养、适当润滑等也可减小由于设备本身的质量问题产生的噪声。

2. 噪声传播途径上的防控

在噪声传播途径上通过增加吸声材料、消声设备、声屏障等声传播障碍物的方法降低噪声传播到受声敏感目标的声能，进而起到降噪的目的。一般由振动、摩擦、撞击等引起的机械噪声可采用减振、隔声措施，一般材料的隔声效果可达 15~40dB。

3. 受声敏感目标的防控

增设受声者自身的吸声、隔声设备，如设置隔声门窗、隔声通风器等。

三、管理与监督措施

从管理角度制定合理的施工或运行方案及噪声监测方案，提出降噪减噪设施的使用运行、维护、保养等方面的管理要求等。

提出选址（选线）和规划布局的合理性建议、防治噪声设备的经济和技术可行性建议、健全噪声污染管理制度的建议。

互动交流

说一说，你家附近有哪些噪声源？该怎样防治？

相关链接

噪声对人体健康的危害

复习与思考

防治噪声污染的措施和途径有哪些？

噪声对人体健康的危害

模块二 生态影响评价

任务一　了解生态影响评价因子及评价量计算

 知识目标　了解生态影响评价因子的筛选方法。

 能力目标　能够利用常见的评价量计算方法进行一些简单的生态评价量计算。

 素质目标　通过生态因子及评价量数据了解生态影响基本情况。

生态影响评价是指某一生态系统在受到外来作用时所发生的变化和响应,通过定性和定量的方法对外来作用,即人类活动对生态环境状态的作用结果进行预测,并且提出有效的防护、恢复、补偿及替代方案等。因此,评价生态影响需针对不同生态环境中涉及的不同重要因子的作用情况进行分析、预测,进而得到各生态环境的影响情况。

一般来说,生态影响评价因子可针对评价对象的不同而不同。例如,自然生态系统的评价因子一般包括生物多样性、保护物种、珍稀濒危物种、特有物种、资源物种、系统整体性、系统生产力、系统稳定性、敏感目标等;而城市生态因子一般包括规划体系、绿色体系、景观体系、安全体系、城市气候、区域环境、可持续性等。

一、评价因子的筛选

对生态影响评价因子体系的筛选十分重要,也较为复杂,应根据具体的情况具体分析。主要应考虑以下几点:

1. 挑选最能代表和反映受影响生态环境的性质和特点的因子

由于受影响生态系统的类型各不相同,涉及的生态层次不同,因此,应选择不同的评价因子及对应的评价方法。

2. 挑选能表征生态资源与生态环境问题的因子

对于生态资源与生态环境方面评价因子的选择,可以采用相关的资源部门与管理部门的标准或规范中涉及的评价指标;区域敏感目标可以按其性质、规划目标、功能分区等确定评价因子。

3. 挑选应反映建设项目性质与特点的因子

生态影响主要是与建设项目的情况有关,因此应根据项目特点、影响因素及其效应等选择评价因子。

4. 其他因素

此外为了便于评价，还应挑选易于测量或易于获得其有关信息的因子。

为了符合相关法律法规要求等，必须要挑选法规要求或评价中要求的因子。

二、区域环境质量标志性因子的筛选

对于区域环境质量的评价一般涉及一些标志性因子，这类因子是极具代表性的，例如对于生态完整性的判定，须包括生物生产量的量度、生态体系稳定状况的度量、区域环境状况的综合分析等；对于生物多样性保护范围的判定因子和计算模式，须包括生物多样性保护现代理论透视、动物对栖息地面积需求的研究成果等。

三、生态评价中的通用性指标

不同生态环境评价因子虽有不同，但对于生态影响评价中仍有一些通用性指标，如对物种、生境、生态系统的灭绝风险进行评价的珍稀度指标；对评估系统恢复的可能性进行评价的弹性指标；用于评价系统承受干扰的能力，确定优先保护的系统的脆弱性指标；评估系统特征、评价系统或种群在不利状况下缓冲灭绝的能力，以及评估最小生境需求的稳定性指标；评估种群活力，评估生态系统质量、稳定性，评估系统功能、重要度，评估物种分布，以及评估生物质量的多样性指标；评估物种、生境、生态系统可恢复性，可作为恢复生境或系统依据的可恢复性指标；评估外部影响（导致生态系统衰落）可接受程度的濒危度指标（包括繁殖、数量、分布等）。

四、评价量计算

1. 生产力评价

（1）**生物生产力** 指生物在单位面积和单位时间所产生的有机物质的重量，也指生产的速度。一般多以测定绿色植物的生长量来代表生产力，计算式为：

$$P_q = P_n + R \tag{7-16}$$

其中 P_q——生物生产力；
P_n——初级生产力；
R——植物呼吸量。

$$P_n = B_q + L \tag{7-17}$$

其中 B_q——生物生长量；
L——各种消耗及转出量。

标定生长系数为生长量与标定生物量的比值：

$$P_a = \frac{B_q}{B_{mo}} \tag{7-18}$$

P_a 越大，环境质量越来越好。

（2）**生物量** 指一定地段面积内某个时期生存着的活有机体的重量。

标定相对生物量为各级生物量与标定生物量的比值：

$$P_b = \frac{B_m}{B_{mo}} \tag{7-19}$$

P_b 增大,环境质量越好。

(3) **物种量** 单位空间(面积)内的物种数量,称为物种量。

标定相对物种量为物种量与标定物种量的比值:

$$P_s = \frac{B_s}{B_{so}} \tag{7-20}$$

P_s 增大,环境质量趋好。

2. 生物多样性定量评价

(1) 香农-维纳(Shannon-Wiener)多样性指数 H 计算公式如下。

$$H = -\sum(P_i \lg P_i) \tag{7-21}$$

式中,H 为多样性指数,对数底可取 2、e 或 10,单位分别为 nit、bit 和 dit;$P_i = n_i/N$,n_i 为第 i 物种在样本中出现的个体数,N 为总物种个体数。

(2) **均匀度指数 E** 在多样性指数计算的基础上,按下式计算物种的均匀度指数 E。

$$E = \frac{H}{H_{\max}} \tag{7-22}$$

其中,$H_{\max}$ 为 Shannon-Wiener 指数最大值,$H_{\max} = \lg S$,S 为物种数。

3. 综合指数

综合指数法是从确定同度量因素出发,把不能直接对比的事物变成能够同度量的方法。

$$\Delta E = \sum[(E_{hi} - E_{qi})W_i] \tag{7-23}$$

式中,ΔE——开发建设活动前后生态质量变化值;

E_{hi}——开发建设活动后 i 因子的质量指标;

E_{qi}——开发建设活动前 i 因子的质量指标;

W_i——i 因子的权值。

 互动交流

说一说,水电建设项目对各种生态系统影响的评价因子选取有何不同?

 相关链接

生态影响评价因子筛选表

生态影响评价因子筛选表

复习与思考

1. 生态影响评价因子的选取原则有哪些?
2. 有哪些生态影响评价量计算?

任务二 掌握生态影响评价等级与要求

 知识目标 了解生态影响评价等级的概念。

 能力目标 能够通过生态影响评价等级的划分方法进行等级评价。

 素质目标 理解评价等级划分的意义。

一、生态影响评价等级的判定

根据《环境影响评价技术导则 生态影响》(HJ 19—2022),依据建设项目影响区域的生态敏感性和影响程度,评价等级划分为一级、二级和三级。按以下原则确定评价等级:

(1) 涉及国家公园、自然保护区、世界自然遗产、重要生境时,评价等级为一级;

(2) 涉及自然公园时,评价等级为二级;

(3) 涉及生态保护红线时,评价等级不低于二级;

(4) 根据 HJ 2.3 判断属于水文要素影响型且地表水评价等级不低于二级的建设项目,生态影响评价等级不低于二级;

(5) 根据 HJ 610、HJ 964 判断地下水水位或土壤影响范围内分布有天然林、公益林、湿地等生态保护目标的建设项目,生态影响评价等级不低于二级;

(6) 当工程占地规模大于 $20 km^2$ 时(包括永久和临时占用陆域和水域),评价等级不低于二级,改扩建项目的占地范围以新增占地(包括陆域和水域)确定;

(7) 除前六条以外的情况,评价等级为三级;

(8) 当评价等级判定同时符合上述多种情况时,应采用其中最高的评价等级。

当建设项目涉及经论证对保护生物多样性具有重要意义的区域时,可适当上调评价等级。

当建设项目同时涉及陆生、水生生态影响时,可针对陆生生态、水生生态分别判定评价等级。

在矿山开采可能导致矿区土地利用类型明显改变,或拦河闸坝建设可能明显改变水文情势等情况下,评价等级应上调一级。

线性工程可分段确定评价等级。线性工程地下穿越或地表跨越生态敏感区,在生态敏感区范围内无永久、临时占地时,评价等级可下调一级。

涉海工程评价等级判定参照 GB/T 19485。

符合生态环境分区管控要求且位于原厂界(或永久用地)范围内的污染影响类改扩建项目,位于已批准规划环评的产业园区内且符合规划环评要求、不涉及生态敏感区的污染影响类建设项目,可不确定评价等级,直接进行生态影响简单分析。

二、生态影响评价范围

生态影响评价应能够充分体现生态完整性和生物多样性保护要求，涵盖评价项目全部活动的直接影响区域和间接影响区域。评价范围应依据评价项目对生态因子的影响方式、影响程度和生态因子之间的相互影响和相互依存关系确定。可综合考虑评价项目与项目区的气候过程、水文过程、生物过程等生物地球化学循环过程的相互作用关系，以评价项目影响区域所涉及的完整气候单元、水文单元、生态单元、地理单元界限为参照边界。

涉及占用或穿（跨）越生态敏感区时，应考虑生态敏感区的结构、功能及主要保护对象合理确定评价范围。

矿山开采项目评价范围应涵盖开采区及其影响范围、各类场地及运输系统占地以及施工临时占地范围等。

水利水电项目评价范围应涵盖枢纽工程建筑物、水库淹没、移民安置等永久占地、施工临时占地以及库区坝上、坝下地表地下、水文水质影响河段及区域、受水区、退水影响区、输水沿线影响区等。

线性工程穿越生态敏感区时，以线路穿越段向两端外延 1km、线路中心线向两侧外延 1km 为参考评价范围，实际确定时应结合生态敏感区主要保护对象的分布、生态学特征、项目的穿越方式、周边地形地貌等适当调整，主要保护对象为野生动物及其栖息地时，应进一步扩大评价范围，涉及迁徙、洄游物种的，其评价范围应涵盖工程影响的迁徙洄游通道范围；穿越非生态敏感区时，以线路中心线向两侧外延 300m 为参考评价范围。

陆上机场项目以占地边界外延 3~5km 为参考评价范围，实际确定时应结合机场类型、规模、占地类型、周边地形地貌等适当调整。涉及有净空处理的，应涵盖净空处理区域。航空器爬升或进近航线下方区域内有以鸟类为重点保护对象的自然保护地和鸟类重要生境的，评价范围应涵盖受影响的自然保护地和重要生境范围。

涉海工程的生态影响评价范围参照 GB/T 19485。

污染影响类建设项目评价范围应涵盖直接占用区域以及污染物排放产生的间接生态影响区域。

互动交流

说一说，不同生态影响评价工作等级区域有何不同？

相关链接

生态影响评价图件规范与要求

生态影响评价图件规范与要求

复习与思考

1. 生态影响评价工作等级是如何划分的？
2. 生态影响评价范围应如何确定？

任务三　开展生态影响评价预测

知识目标　了解生态影响预测的概念和意义。

能力目标　能够用所学方法对生态影响进行预测。

素质目标　对生态影响评价进行可行性预测，掌握生态影响情况信息。

一、生态影响评价预测的概念

对建设项目的生态影响评价预测是在生态环境调查、生态分析及生态环境现状评价的基础上，结合开发建设活动的实际情况、建设项目的影响途径、区域生态保护的需要、受影响生态系统的主导生态功能以及区域生态抵抗内外干扰的能力和受到破坏后的恢复能力而进行的评估预测。是对区域主要生态因子和生态系统的结构与功能、生态问题等因开发建设活动而导致的变化作定量、半定量的预测计算或定性分析评估，分析其变化程度以及相关影响后果，并评估其可接受性。预测要根据不同因子受开发建设影响在时间和空间上的表现和累积情况进行预测评估；从时间上可以表现为年内（或月份）和年际（勘察设计期、施工期、运营期）变化两个这方面，从空间上可以划分为宏观（开发区域及其周边地区）和微观（影响因子分布）两个部分。

二、生态影响评价预测的目的和意义

生态影响评价是对生态影响预测的结果进行评价（评估），以确定所发生的生态影响能否为生态或社会所接受。其主要目的是评估影响的显著性，以决定建设项目进行还是停止；评价生态环境保护目标的重要性，以决定保护的优劣性；评价价值的得失，以决定得失与取舍。

三、总体要求

生态影响预测与评价内容应与现状评价内容相对应，根据建设项目特点、区域生物多样性保护要求以及生态系统功能等选择评价预测指标。生态影响预测与评价尽量采用定量方法进行描述和分析。

四、生态影响预测与评价内容及要求

（1）一级、二级评价应根据现状评价内容选择以下全部或部分内容开展预测评价：

①采用图形叠置法分析工程占用的植被类型、面积及比例；通过引起地表沉陷或改变地表径流、地下水水位、土壤理化性质等方式对植被产生影响的，采用生态机

理分析法、类比分析法等方法分析植物群落的物种组成、群落结构等变化情况。

② 结合工程的影响方式预测分析重要物种的分布、种群数量、生境状况等变化情况；分析施工活动和运行产生的噪声、灯光等对重要物种的影响；涉及迁徙、洄游物种的，分析工程施工和运行对迁徙、洄游行为的阻隔影响；涉及国家重点保护野生动植物、极危、濒危物种的，可采用生境评价方法预测分析物种适宜生境的分布及面积变化、生境破碎化程度等，图示建设项目实施后的物种适宜生境分布情况。

③ 结合水文情势、水动力和冲淤、水质（包括水温）等影响预测结果，预测分析水生生境质量、连通性以及产卵场、索饵场、越冬场等重要生境的变化情况，图示建设项目实施后的重要水生生境分布情况；结合生境变化预测分析鱼类等重要水生生物的种类组成、种群结构、资源时空分布等变化情况。

④ 采用图形叠置法分析工程占用的生态系统类型、面积及比例；结合生物量、生产力、生态系统功能等变化情况预测分析建设项目对生态系统的影响。

⑤ 结合工程施工和运行引入外来物种的主要途径、物种生物学特性以及区域生态环境特点，参考标准 HJ 624 分析建设项目实施可能导致外来物种造成生态危害的风险。

⑥ 结合物种、生境以及生态系统变化情况，分析建设项目对所在区域生物多样性的影响；分析建设项目通过时间或空间的累积作用方式产生的生态影响，如生境丧失、退化及破碎化、生态系统退化、生物多样性下降等。

⑦ 涉及生态敏感区的，结合主要保护对象开展预测评价；涉及以自然景观、自然遗迹为主要保护对象的生态敏感区时，分析工程施工对景观、遗迹完整性的影响，结合工程建筑物、构筑物或其他设施的布局及设计，分析与景观、遗迹的协调性。

（2）三级评价可采用图形叠置法、生态机理分析法、类比分析法等预测分析工程对土地利用、植被、野生动植物等的影响。

（3）不同行业应结合项目规模、影响方式、影响对象等确定评价重点：

① 矿产资源开发项目应对开采造成的植物群落及植被覆盖度变化，重要物种的活动、分布及重要生境变化以及生态系统结构和功能变化、生物多样性变化等开展重点预测与评价；

② 水利水电项目应对河流、湖泊等水体天然状态改变引起的水生生境变化、鱼类等重要水生生物的分布及种类组成、种群结构变化，水库淹没、工程占地引起的植物群落、重要物种的活动、分布及重要生境变化，调水引起的生物入侵风险，以及生态系统结构和功能变化、生物多样性变化等开展重点预测与评价；

③ 公路、铁路、管线等线性工程应对植物群落及植被覆盖度变化，重要物种的活动、分布及重要生境变化、生境连通性及破碎化程度变化、生物多样性变化等开展重点预测与评价；

④ 农业、林业、渔业等建设项目应对土地利用类型或功能改变引起的重要物种的活动、分布及重要生境变化、生态系统结构和功能变化、生物多样性变化以及生物入侵风险等开展重点预测与评价；

⑤ 涉海工程海洋生态影响评价应符合标准 GB/T 19485 的要求，对重要物种的活动、分布及重要生境变化、海洋生物资源变化、生物入侵风险以及典型海洋生态系

统的结构和功能变化、生物多样性变化等开展重点预测与评价。

五、生态影响评价预测的程序

生态影响评价预测的基本程序是确定影响预测的主要对象和预测因子；根据预测的影响对象和因子选择方法、模式、参数，并进行计算；研究确定评价标准并进行主要生态系统和主要环境功能的预测评价；进行社会、经济和生态环境相关影响的综合评价与分析。

六、生态影响评价预测的方法

常用的生态影响评价预测方法有列表清单法、图形叠置法、生态机理分析法、景观生态学法、指数法、类比法、系统分析法、生物多样性评价等。下面介绍几种常见的方法。

1. 列表清单法

列表清单法是一种定性分析方法，特点是简单明了、针对性强。该方法是将拟实施开发建设活动的影响因素与可能受影响的环境因子分别列在同一张表格的行与列内，逐点进行分析，并逐条阐明影响的性质、强度等，由此分析开发建设活动的生态影响。

该方法可应用于以下情况：

（1）进行开发建设活动对生态因子的影响分析；

（2）进行生态保护措施的筛选；

（3）进行物种或栖息地重要性或优先度比选。

2. 图形叠置法

图形叠置法是把两个以上的生态信息叠合到一张图上，构成复合图，用以表示生态变化的方向和程度。该方法的特点是直观、形象，简单明了。图形叠置法有以下两种基本制作手段。

（1）指标法

① 确定评价范围；

② 开展生态调查，收集评价范围及周边地区自然环境、动植物等信息；

③ 识别影响并筛选评价因子，包括识别和分析主要生态问题；

④ 建立表征评价因子特性的指标体系，通过定性分析或定量方法对指标赋值或分级，依据指标值进行区域划分；

⑤ 将上述区划信息绘制在生态图上。

（2）3S 叠图法

① 选用符合要求的工作底图，底图范围应大于评价范围；

② 在底图上描绘主要生态因子信息，如植被覆盖、动植物分布、河流水系、土地利用、生态敏感区等；

③ 进行影响识别与筛选评价因子；

④ 运用 3S 技术，分析影响性质、方式和程度；

⑤ 将影响因子图和底图叠加,得到生态影响评价图。

3. 生态机理分析法

生态机理分析法是根据建设项目的特点和受影响物种的生物学特征,依照生态学原理分析、预测建设项目生态影响的方法。生态机理分析法的工作步骤如下:

(1) 调查环境背景现状,收集工程组成、建设、运行等有关资料;

(2) 调查植物和动物分布,动物栖息地和迁徙、洄游路线;

(3) 根据调查结果分别对植物或动物种群、群落和生态系统进行分析,描述其分布特点、结构特征和演化特征;

(4) 识别有无珍稀濒危物种、特有种等需要特别保护的物种;

(5) 预测项目建成后该地区动物、植物生长环境的变化;

(6) 根据项目建成后的环境变化,对照无开发项目条件下动物、植物或生态系统演替或变化趋势,预测建设项目对个体、种群和群落的影响,并预测生态系统演替方向。

评价过程中可根据实际情况进行相应的生物模拟试验,如环境条件、生物习性模拟试验、生物毒理学试验、实地种植或放养试验等;或进行数学模拟,如种群增长模型的应用。

该方法需要与生物学、地理学、水文学、数学及其他多学科合作评价,才能得出较为客观的结果。

4. 指数法

指数法是利用同度量因素的相对值来表明因素变化状况的方法。指数法的难点在于需要建立表征生态环境质量的标准体系并进行赋权和准确定量。综合指数法是从确定同度量因素出发,把不能直接对比的事物变成能够同度量的方法。

(1) 单因子指数法 选定合适的评价标准,可进行生态因子现状或预测评价。例如,以同类型立地条件的森林植被覆盖率为标准,可评价项目建设区的植被覆盖现状情况;以评价区现状植被盖度为标准,可评价项目建成后植被盖度的变化率。

(2) 综合指数法

① 分析各生态因子的性质及变化规律。

② 建立表征各生态因子特性的指标体系。

③ 确定评价标准。

④ 建立评价函数曲线,将生态因子的现状值(开发建设活动前)与预测值(开发建设活动后)转换为统一的无量纲的生态环境质量指标,用 0~1 表示优劣("1"表示最佳的、顶级的、原始或人类干预甚少的生态状况,"0"表示最差的、极度破坏的、几乎无生物性的生态状况),计算开发建设活动前后各因子质量的变化值。

⑤ 根据各因子的相对重要性赋予权重。

⑥ 将各因子的变化值综合,提出综合影响评价值。可按下式计算:

$$\Delta E = \sum (E_{hi} - E_{qi}) W_i \tag{7-24}$$

式中 ΔE——开发建设活动前后生态质量 E_i 变化值;

E_{hi}——开发建设活动后 i 因子的质量指标;

E_{qi}——开发建设活动前 i 因子的质量指标；

W_i——i 因子的权值。

(3) 指数法应用

① 可用于生态因子单因子质量评价；

② 可用于生态多因子综合质量评价；

③ 可用于生态系统功能评价。

建立评价函数曲线需要根据标准规定的指标值确定曲线的上、下限。对于大气、水环境等已有明确质量标准的因子，可直接采用不同级别的标准值作为上、下限；对于无明确标准的生态因子，可根据评价目的、评价要求和环境特点等选择相应的指标值，再确定上、下限。

5. 类比分析法

类比分析法是一种比较常用的定性和半定量评价方法，一般有生态整体类比、生态因子类比和生态问题类比等。该方法是根据已有建设项目的生态影响，分析或预测拟建项目可能产生的影响。选择好类比对象（类比项目）是进行类比分析或预测评价的基础，也是该方法成败的关键。

类比对象的选择条件是：工程性质、工艺和规模与拟建项目基本相当，生态因子（地理、地质、气候、生物因素等）相似，项目建成已有一定时间，所产生的影响已基本全部显现。

类比对象确定后，需选择和确定类比因子及指标，并对类比对象开展调查与评价，再分析拟建项目与类比对象的差异。根据类比对象与拟建项目的比较，做出类比分析结论。

类比分析法一般应用于以下情况：

(1) 进行生态影响识别（包括评价因子筛选）；

(2) 以原始生态系统作为参照，可评价目标生态系统的质量；

(3) 进行生态影响的定性分析与评价；

(4) 进行某一个或几个生态因子的影响评价；

(5) 预测生态问题的发生与发展趋势及其危害；

(6) 确定环保目标和寻求最有效、可行的生态保护措施。

6. 系统分析法

系统分析法是指把要解决的问题作为一个系统，对系统要素进行综合分析，找出解决问题的可行方案的咨询方法。具体步骤包括限定问题、确定目标、调查研究、收集数据、提出备选方案和评价标准、备选方案评估和提出最可行方案。

系统分析法因能妥善解决一些多目标动态性问题，已广泛应用于各行各业，尤其在进行区域开发或解决优化方案选择问题时，系统分析法显示出其他方法所不能达到的效果。

在生态系统质量评价中使用系统分析的具体方法有专家咨询法、层次分析法、模糊综合评判法、综合排序法、系统动力学、灰色关联等方法。

7. 生物多样性评价方法

生物多样性是生物（动物、植物、微生物）与环境形成的生态复合体以及与此相关的各种生态过程的总和，包括生态系统、物种和基因三个层次。

生态系统多样性指生态系统的多样化程度，包括生态系统的类型、结构、组成、功能和生态过程的多样性等。物种多样性指物种水平的多样化程度，包括物种丰富度和物种多度。基因多样性（或遗传多样性）指一个物种的基因组成中遗传特征的多样性，包括种内不同种群之间或同一种群内不同个体的遗传变异性。

物种多样性常用的评价指标包括物种丰富度、香农-维纳多样性指数、Pielou 均匀度指数、Simpson 优势度指数等。

物种丰富度：调查区域内物种种数之和。

香农-维纳多样性指数计算公式为：

$$H = -\sum_{i=1}^{S} P_i \ln P_i \tag{7-25}$$

式中　H——香农-维纳多样性指数；

　　　S——调查区域内物种种类总数；

　　　P_i——调查区域内属于第 i 种的个体比例，如总个数为 N，第 i 种个体数为 n_i，则 $P_i = n_i/N$。

Pielou 均匀度指数是反映调查区域各物种个体数目分配均匀程度的指数，计算公式为：

$$J = \left(-\sum_{i=1}^{S} P_i \ln P_i\right) / \ln S \tag{7-26}$$

式中　J——Pielou 均匀度指数；

　　　S——调查区域内物种种类总数；

　　　P_i——调查区域内属于第 i 种的个体比例。

Simpson 优势度指数与均匀度指数相对应，计算公式为：

$$D = 1 - \sum_{i=1}^{S} P_i^2 \tag{7-27}$$

式中　D——Simpson 优势度指数；

　　　S——调查区域内物种种类总数；

　　　P_i——调查区域内属于第 i 种的个体比例。

8. 生态系统评价方法

（1）**植被覆盖度**　植被覆盖度可用于定量分析评价范围内的植被现状。

基于遥感估算植被覆盖度可根据区域特点和数据基础采用不同的方法，如植被指数法、回归模型、机器学习法等。

植被指数法主要是通过对各像元中植被类型及分布特征的分析，建立植被指数与植被覆盖度的转换关系。采用归一化植被指数（NDVI）估算植被覆盖度的方法如下：

$$FVC = (NDVI - NDVI_S) / (NDVI_V - NDVI_S) \tag{7-28}$$

式中　FVC——所计算像元的植被覆盖度；

　　　NDVI——所计算像元的 NDVI 值；

　　　$NDVI_V$——纯植物像元的 NDVI 值；

　　　$NDVI_S$——完全无植被覆盖像元的 NDVI 值。

（2）生物量　不同生态系统的生物量测定方法不同，可采用实测与估算相结合的方法。

地上生物量估算可采用植被指数法、异速生长方程法等方法进行计算。基于植被指数的生物量统计法是通过实地测量的生物量数据和遥感植被指数建立统计模型，在遥感数据的基础上反演得到评价区域的生物量。

（3）生产力　生产力是生态系统的生物生产能力，反映生产有机质或积累能量的速率。群落（或生态系统）初级生产力是单位面积、单位时间群落（或生态系统）中植物利用太阳能固定的能量或生产的有机质的量。

净初级生产力（NPP）是从固定的总能量或产生的有机质总量中减去植物呼吸所消耗的量，直接反映了植被群落在自然环境条件下的生产能力，表征陆地生态系统的质量状况。

NPP 可利用统计模型（如 Miami 模型）、过程模型（如 BIOME-BGC 模型、BEPS 模型）和光能利用率模型（如 CASA 模型）进行计算。根据区域植被特点和数据基础确定具体方法。

通过 CASA 模型计算净初级生产力的公式如下：

$$\mathrm{NPP}(x,t) = \mathrm{APAR}(x,t) \times \varepsilon(x,t) \tag{7-29}$$

式中　NPP——净初级生产力；

APAR——植被所吸收的光合有效辐射；

ε——光能转化率；

t——时间；

x——空间位置。

（4）生物完整性指数　生物完整性指数（index of biotic integrity，IBI）已被广泛应用于河流、湖泊、沼泽、海岸滩涂、水库等生态系统健康状况评价，指示生物类群也由最初的鱼类扩展到底栖动物、着生藻类、维管植物、两栖动物和鸟类等。生物完整性指数评价的工作步骤如下：

① 结合工程影响特点和所在区域水生态系统特征，选择指示物种；

② 根据指示物种种群特征，在指标库中确定指示物种状况参数指标；

③ 选择参考点（未开发建设、未受干扰的点或受干扰极小的点）和干扰点（已开发建设、受干扰的点），采集参数指标数据，通过对参数指标值的分布范围分析、判别能力分析（敏感性分析）和相关关系分析，建立评价指标体系；

④ 确定每种参数指标值以及生物完整性指数的计算方法，分别计算参考点和干扰点的指数值；

⑤ 建立生物完整性指数的评分标准；

⑥ 评价项目建设前所在区域水生态系统状况，预测分析项目建设后水生态系统变化情况。

（5）生态系统功能评价　陆域生态系统服务功能评价方法可参考 HJ 1173，根据生态系统类型选择适用指标。

9. 景观生态学评价方法

景观生态学主要研究宏观尺度上景观类型的空间格局和生态过程的相互作用及其

动态变化特征。景观格局是指大小和形状不一的景观斑块在空间上的排列，是各种生态过程在不同尺度上综合作用的结果。景观格局变化会对生物多样性产生直接而强烈影响，其主要原因是生境丧失和破碎化。

景观变化的分析方法主要有三种：定性描述法、景观生态图叠置法和景观动态的定量化分析法。目前较常用的方法是景观动态的定量化分析法，主要是对收集的景观数据进行解译或数字化处理，建立景观类型图，通过计算景观格局指数或建立动态模型对景观面积变化和景观类型转化等进行分析，揭示景观的空间配置以及格局动态变化趋势。

景观指数是能够反映景观格局特征的定量化指标，分为三个级别，代表三种不同的应用尺度，即斑块级别指数、斑块类型级别指数和景观级别指数，可根据需要选取相应的指标，采用 FRAGSTATS 等景观格局分析软件进行计算分析。涉及显著改变土地利用类型的矿山开采、大规模的农林业开发以及大中型水利水电建设项目等可采用该方法对景观格局的现状及变化进行评价，公路、铁路等线性工程造成的生境破碎化等累积生态影响也可采用该方法进行评价。常用的景观指数及其含义见表 7-4。

表 7-4　常用景观指数及其含义

名称	含义
斑块类型面积（class area，CA）	斑块类型面积是度量其他指标的基础，其值的大小影响以此斑块类型作为生境的物种数量及丰度
斑块所占景观面积比例（percent of landscape，PLAND）	某一斑块类型占整个景观面积的百分比，是确定优势景观元素的重要依据，也是决定景观中优势种种类和数量等生态系统指标的重要因素
最大斑块指数（largest patch index，LPI）	某一斑块类型中最大斑块占整个景观的百分比，用于确定景观中的优势斑块，可间接反映景观变化受人类活动的干扰程度
香农多样性指数（shannon's diversity index，SHDI）	反映景观类型的多样性和异质性，对景观中各斑块类型非均衡分布状况较敏感，值大表明斑块类型增加或各斑块类型呈均衡趋势分布
蔓延度指数（contagion index，CONTAG）	高蔓延度值表明景观中的某种优势斑块类型形成了良好的连接性，反之则表明景观具有多种要素的密集格局，破碎化程度较高
散布与并列指数（interspersion juxtaposition index，IJI）	反映斑块类型的隔离分布情况，值越小表明斑块与相同类型斑块相邻越多，而与其他类型斑块相邻得越少
聚集度指数（aggregation index，AI）	基于栅格数量测度景观或者某种斑块类型的聚集程度

10. 生境评价方法

物种分布模型（species distribution models，SDMs）是基于物种分布信息和对应的环境变量数据对物种潜在分布区进行预测的模型，广泛应用于濒危物种保护、保护区规划、入侵物种控制及气候变化对生物分布区影响预测等领域。目前已发展了多种多样的预测模型，每种模型因其原理、算法不同而各有优势和局限，预测表现也存在差异。其中，基于最大熵理论建立的最大熵模型（maximum entropy model，MaxEnt），可以在分布点相对较少的情况下获得较好的预测结果，是目前使用频率最多的物种分布模型之一。基于 MaxEnt 模型开展生境评价的工作步骤如下：

（1）通过近年文献记录、现场调查收集物种分布点数据，并进行数据筛选；将分布点的经纬度数据在 Excel 表格中汇总，统一为十进制度的格式，保存用于 MaxEnt 模型计算。

（2）选取环境变量数据以表现栖息生境的生物气候特征、地形特征、植被特征和人为影响程度，在 ArcGIS 软件中将环境变量统一边界和坐标系，并重采样为同一分辨率。

（3）使用 MaxEnt 软件建立物种分布模型，以受试者工作特征曲线下面积（area under the receiving operator curve，AUC）评价模型优劣；采用刀切法（jackknife test）检验各个环境变量的相对贡献。根据模型标准及图层栅格出现概率重分类，确定生境适宜性分级指数范围。

（4）将结果文件导入 ArcGIS，获得物种适宜生境分布图，叠加建设项目，分析对物种分布的影响。

11. 海洋生物资源影响评价方法

海洋生物资源影响评价技术方法参见标准 GB/T 19485 相关要求。

互动交流

说一说，如何选取合适的生态影响评价预测方法？

相关链接

生态影响评价自查表

生态影响评价自查表

复习与思考

1. 生态影响评价内容有哪些？
2. 生态影响评价方法有哪些？

任务四　掌握生态影响的防护与修复措施

知识目标　了解生态影响的防护与修复措施的基本内容。

能力目标　能够针对生态影响评价情况提出相应的生态环境防护与修复措施。

素质目标　乐于研究与分析更实用有效的生态环境防护与修复措施。

一、总体原则

(1) 应针对生态影响的对象、范围、时段、程度，提出避让、减缓、修复、补偿、管理、监测、科研等对策措施，分析措施的技术可行性、经济合理性、运行稳定性、生态保护和修复效果的可达性，选择技术先进、经济合理、便于实施、运行稳定、长期有效的措施，明确措施的内容、设施的规模及工艺、实施位置和时间、责任主体、实施保障、实施效果等，编制生态保护措施平面布置图、生态保护措施设计图，并估算（概算）生态保护投资。

(2) 优先采取避让方案，源头防止生态破坏，包括通过选址选线调整或局部方案优化避让生态敏感区，施工作业避让重要物种的繁殖期、越冬期、迁徙洄游期等关键活动期和特别保护期，取消或调整产生显著不利影响的工程内容和施工方式等。优先采用生态友好的工程建设技术、工艺及材料等。

(3) 坚持山水林田湖草沙一体化保护和系统治理的思路，提出生态保护对策措施。必要时开展专题研究和设计，确保生态保护措施有效。坚持尊重自然、顺应自然、保护自然的理念，采取自然的恢复措施或绿色修复工艺，避免生态保护措施自身的不利影响。不应采取违背自然规律的措施，切实保护生物多样性。

二、生态保护措施

(1) 项目施工前应对工程占用区域可利用的表土进行剥离，单独堆存，加强表土堆存防护及管理，确保有效回用。施工过程中，采取绿色施工工艺，减少地表开挖，合理设计高陡边坡支挡、加固措施，减少对脆弱生态的扰动。

(2) 项目建设造成地表植被破坏的，应提出生态修复措施，充分考虑自然生态条件，因地制宜，制定生态修复方案，优先使用原生表土和选用乡土物种，防止外来生物入侵，构建与周边生态环境相协调的植物群落，最终形成可自我维持的生态系统。生态修复的目标主要包括：恢复植被和土壤，保证一定的植被覆盖度和土壤肥力；维持物种种类和组成，保护生物多样性；实现生物群落的恢复，提高生态系统的生产力和自我维持力；维持生境的连通性等。生态修复应综合考虑物理（非生物）方法、生物方法和管理措施，结合项目施工工期、扰动范围，有条件的可提出"边施工、边修复"的措施要求。

(3) 尽量减少对动植物的伤害和生境占用。项目建设对重点保护野生植物、特有植物、古树名木等造成不利影响的，应提出优化工程布置或设计、就地或迁地保护、加强观测等措施，具备移栽条件、长势较好的尽量全部移栽。项目建设对重点保护野生动物、特有动物及其生境造成不利影响的，应提出优化工程施工方案、运行方式，实施物种救护，划定生境保护区域，开展生境保护和修复，构建活动廊道或建设食源地等措施。采取增殖放流、人工繁育等措施恢复受损的重要生物资源。项目建设产生阻隔影响的，应提出减缓阻隔、恢复生境连通的措施，如野生动物通道、过鱼设施等。项目建设和运行噪声、灯光等对动物造成不利影响的，应提出优化工程施工方案、设计方案或降噪遮光等防护措施。

(4) 矿山开采项目还应采取保护性开采技术或其他措施控制沉陷深度和保护地下

水的生态功能。水利水电项目还应结合工程实施前后的水文情势变化情况、已批复的所在河流生态流量（水量）管理与调度方案等相关要求，确定合适的生态流量，具备调蓄能力且有生态需求的，应提出生态调度方案。涉及河流、湖泊或海域治理的，应尽量塑造近自然水域形态、底质、亲水岸线，尽量避免采取完全硬化措施。

三、生态环境防护、恢复与替代措施

1. 生态环境的防护与恢复措施

（1）从生态环境特点考虑的防护与恢复措施　从生态环境的特点和环境保护的要求考虑，实施减缓措施的主要途径按考虑的优先程度有保护、减缓、恢复、补偿和建设。

① 贯彻"防护为主"思想和政策的预防性保护，是应优先考虑的生态环境保护措施。在开发建设活动前和活动中注意保护区域生态环境的本来面貌与特点，尽量减少干扰与破坏；有些类型的生态环境一经破坏就不能再恢复，此时实行预防性保护几乎是唯一的措施。预防性保护措施在工程设计期就应得到贯彻，主要包括：更合理的构思和设计文案；影响最小的选址和选线；选址和工程活动避绕敏感目标或地区；避免在着急时期进行有影响的活动，比如鸟类孵化期间进行爆破作业等；不进行或否决有影响的活动。

② 减少与缓和影响的措施带有一定的工程性质，也包括管理在内。减缓措施有时是许多措施的综合体，包括预防性保护措施（如避让），也可能包括恢复措施（如恢复生境、土地生产力），还可能包括补偿措施（如湿地损失通过加强保护残余湿地或湿地来得到补偿等）。

减缓措施主要有屏蔽以减少噪声或光及其他视觉干扰；为野生生物修建"生物走廊"隧道或桥梁、涵洞；建立栅栏以防止野生生物进入危险地区；管理某些道路或水道、闸门，以保证迁徙或洄游性鱼类通过障碍物；异地保护珍稀濒危生物；改善退化的生境以满足野生生物的需求等。

实施减缓措施一般要目的明确，或者说措施要有针对性，要确定措施实施的具体时空条件，要有监测、管理机制，并对产生的问题有应对措施或应对机制。

③ 开发建设活动不可避免地会对生态环境产生一定影响，但有些影响可以通过一定措施使生态系统的结构或环境功能得到恢复，一般的生态恢复是指恢复其生态环境功能。如公路建设中取土地区的复耕，矿山开发后的覆盖与绿化，施工过程中植被破坏后的恢复等。凡破坏后能再恢复的均应提出相应的恢复措施。

④ 补偿是一种重建生态系统以补偿因开发建设活动损失的环境功能的措施，有就地补偿和异地补偿两种形式。就地补偿类似于恢复，但建立的新生态系统与原生态系统没有一致性；异地补偿是指在开发建设项目发生地无法补偿损失的生态环境功能时，在项目发生地之外实施补偿，但两者补偿的均是生态系统的功能而不是其结构，故在外貌及结构上不要求一致。补偿措施的一个重要方面就是植被补偿，可按照生物量或生产力相等的原理确定具体的补偿量。补偿措施的确定应考虑流域或区域生态环境功能保护的要求和优先次序，考虑建设项目对区域生态环境功能的最大依赖和需求。

⑤ 在生态环境已经相当恶劣的地区，为保证建设项目促进区域的可持续发展，开发建设项目不仅应保护、恢复、补偿直接接受其影响的生态系统及其环境功能，而且需要采取改善区域生态环境、建设具有更高环境功能的生态系统的措施。如沙漠或绿洲边缘的开发建设项目，水土流失或地质灾害严重的山区、受台风影响严重的滨海地带及其他生态环境脆弱带的开发建设项目，都需为解决当地最大的生态问题进行有关的生态建设。

(2) 从工程项目考虑的防护与恢复措施　从工程建设特点来考虑，主要能采取的保护生态环境的措施是替代方案、生产技术改革、生态保护工程措施和加强管理四个方面，其中，在勘察设计期、施工期、运营期和退役期（死亡期）又都有不同的考虑。

① 从生产技术选择方面，采用清洁和高效的生产技术及减少环境破坏的施工方式是必要的，从工程资源、能源有限性的限制是有限度的，只有依靠科技进步的质量型发展才是可持续的。生态影响评价中的技术先进性论证，特别要注意对生态资源的使用效率和使用方式的论证。如造纸工业不仅仅是造纸废水污染江河湖海导致水生生态系统恶化问题，还有原料采集所造成的生态影响问题。又如高速公路穿越山地重丘区，在采用桥隧代替高填深挖的技术上，是重要的选择，在涉及保护景观、保护纪念地（如分水岭、界岭）等目标时，应选择桥隧结合的方式。

② 工程措施可分为一般工程措施和生态工程措施两类。前者主要是防治污染和解决污染的生态效应问题；后者则是专为防止和解决生态问题或进行生态建设而采取的措施，包括生物性的和工程性的措施在内。如为防止泥石流和滑坡而建造的人工构筑物、为防止地面下沉实行的人工回灌、为防止盐渍化和水涝而采取的排涝工程，都是工程性的措施；为防风或保持水土、防止水土流失或沙漠化而植树和造林、种草，退耕还牧、退田还湖等，都属于生物性的措施。所有为保护生态环境而实施的工程，都须在综合考虑建设项目的特点、工程的可行性和效益、环境特点与需求等情况的基础上提出，进行必要的科学论证。

减少生态影响的工程措施可选择的方案包括：选点、选线方面，规避环境敏感目标，选择减少资源消耗的方案（例如收缩边坡），采用环境友好方案（例如桥隧填挖），建设环境保护方案（例如生物通道、屏障、移植等）；施工方面，规范化操作（例如控制施工作业带），合理安排季节、时间、次序，改变传统落后施工组织（例如"会战"）；管理方面，施工期环境工程监理、队伍管理，运营期环境监测与"达标"管理（例如环境建设）。

③ 开发建设项目的生态环境管理主要包括施工期和运营期两个时段，有时还包括项目勘察设计期、退役期（例如矿山闭矿）。生态影响的管理措施应涉及的内容包括：在强调执行国家和地方有关自然资源保护法规和条例的前提下，制定并落实生态影响防护与恢复的监督管理措施；生态影响管理人员编制建议纳入项目环境管理机构，并落实生态管理人员的职能；要制定并实施对项目进行的生态监测计划，发现问题，特别是重大问题时要呈报上级主管部门和环境保护部门及时处理；对自然资源产生破坏作用的项目要依据破坏的范围和程度，制定生态补偿措施，补偿措施的效应要进行评估，择优确定，落实经费和时限。

2. 替代方案

替代方案主要指项目中的选线、选址替代方案，项目的组成和内容替代方案，工艺和生产技术的替代方案，施工和运营方案的替代方案，以及生态保护措施的替代方案。评价时应对替代方案进行生态可行性论证，优先选择生态影响最小的替代方案，最终选择的方案至少应该是生态保护可行的方案。

 互动交流

说一说，当由于铁路建设项目破坏了当地的草原生态环境，该如何进行防治与修复？

 相关链接

常见生态环境保护设计方案。

常见生态环境保护设计方案

 复习与思考

1. 生态影响的防护措施有哪些？
2. 生态影响的修复措施有哪些？

模块三　环境风险评价

任务一　了解环境风险评价、标准与内容

 知识目标　了解环境风险评价的概念、分类、标准及内容。

 能力目标　能够针对所学内容解释环境风险评价的内涵。

 素质目标　深刻理解环境风险的内容，并能够在实际工作生活中加以防范。

一、环境风险评价的概念

1. 环境风险的概念

环境风险是指在自然环境中产生的或者是通过自然环境传递的对人类健康和幸福

产生不利的影响，同时又具有某些不确定性的危害事件。具体是指突发性事故对环境（或人类健康）的危害程序及可能性。

环境风险具有不确定性和危害性的特点，不确定性是指人们对事件发生的时间、地点、强度等事先难以准确预测；危害性是针对事件的后果而言，具有风险的事件对其承受者会造成威胁，并且一旦事件发生，就会对风险的承受者造成损失或危害，包括对人体健康、经济财产、社会福利乃至生态系统等带来不同程度的危害。环境风险广泛存在于人们的生产和其他活动中，而且表现方式非常复杂，根据产生原因的不同，环境风险可分为化学风险、物理风险以及自然灾害引发的风险。化学风险是指对人类、动物和植物能产生毒害或其他不利作用的化学物品的排放、泄漏，或者是易燃易爆材料的泄漏而引发的风险。物理风险是指机械设备或机械结构的故障所引发的风险。自然灾害引发的风险是指地震、火山、洪水、台风等自然灾害带来的化学性和物理性的风险。显然，自然灾害引发的风险具有综合的特点。

此外，也可根据危害事件承受对象的不同，将风险分为三类，即人群风险、设施风险以及生态风险。人群风险是指因危害性事件而致人病、伤、死、残等损失的风险；设施风险是指危害性事件对人类社会经济活动的依托，如水库大坝、房屋等，造成破坏的风险；生态风险是指危害性事件对生态系统的某些要素或生态系统本身造成破坏的可能性，对生态系统的破坏作用可能是使某种群落数量减少，乃至灭绝，导致生态系统的结构、功能发生变异。

因为人类对环境风险并非无能为力，因此环境风险不能被简单看作是由事故释放的一种或多种危险性因素造成的后果，而应看作是由产生和控制风险的所有因素构成的系统。

2. 环境风险评价

（1）环境风险评价定义　广义的**环境风险评价**是指对建设项目的兴建、运转或是区域开发行为，包括自然灾害引起的对人体健康、社会经济发展、生态系统等所造成的风险可能带来的损失进行评估，并据此进行管理和决策的过程。狭义的环境风险评价又常称为事故风险评价，主要考虑与项目关联的突发性灾难事故，包括易燃、易爆和有毒物质、放射性物质失控状态下的泄漏，大型技术系统的故障，如桥梁、水坝坍塌等。发生这种灾难性事故的概率虽然很小，但影响的程度往往是巨大的。在现代工业高速发展的同时，污染事故时有发生。如20世纪80年代印度博帕尔异氰酸酯毒气泄漏、苏联切尔诺贝利核电站事故，都是重大的污染事故。

环境风险评价主要评价人为环境风险，即预测人类活动引起的危害生态环境事件发生的概率以及在不同概率下事件后果的严重性，并决定采取适宜的对策。最终目的是确定什么样的风险是社会可接受的，需花多大且合理的代价才能将风险降到社会可接受的水平。因此，环境风险评价也可以说是评判环境风险的概率及其后果可接受性的过程。判断一种环境风险是否能被接受，通常采用比较的方法，即将这个环境风险同已经存在的其他风险、承担风险所带来的效益、减缓风险所消耗的成本进行适当的比较。

（2）环境风险评价分类

① 按评价对象分类　环境风险评价分为各种开发行为（建设项目）和环境化学

品。建设项目的环境风险评价是针对建设项目本身引起的风险进行评价的,考虑建设项目引发的具有不确定性的环境事故发生的概率及其危害后果,对其进行评估,提出防范、应急与减缓措施。危害范围包括建设项目建设和运行期间发生的可预测突发性事件或事故引起的有毒有害、易燃易爆等物质泄漏,或突发事件产生的新的有毒有害物质,所造成的对人身安全与环境的影响和损害。

环境化学品的环境风险评价是确定某种化学品(化学物)从生产、运输、消耗直至最终进入环境的整个过程中乃至进入环境后,对人体健康、生态系统造成危害的可能性及其后果。对化学品的环境风险评价,要从化学品的生产技术、产量、化学品的毒理性质等方面进行综合考虑,同时应考虑人体健康效应、生态效应、环境效应。

② 按评价范围分类 环境风险评价可分为微观风险评价、系统风险评价和宏观风险评价。微观风险评价是指对环境中某单一风险单元进行环境风险评价。系统风险评价是指对整个系统中所包含的各个风险单元进行环境风险评价,可以包含系统中不同环节(如运输、贮藏、加工等),涉及不同的活动(如建造、运行、拆除等),包含不同的风险种类(如致癌、事故损伤等);限定评价范围的四个要素是相关联的空间范围、相关联的时间长度、相关联的人群和相关联的效应。宏观风险评价是指从国家、政府和环境管理部门层面上进行的环境风险评价,如针对某一特定产业或行业的环境风险评价。

③ 按影响的受体分类 环境风险评价可分为健康风险评价与生态风险评价。健康风险评价主要是指通过有害因子对人体不良影响发生概率的估算,评价暴露于该有害因子的个体健康受到影响的风险。20世纪60年代科学家开始使用一些数学模型预测健康效应,进入80年代后,随着毒理学及相关科学研究的深入,对化学物质危害的评定开始由定性向定量发展。美国国家科学院和国家研究委员会经过反复研究,认为健康风险评价是保护公众免受化学物质的危害以及为危害管理提供重要科学依据的最合适方法,并在1983年提出了健康风险评价的基本步骤,即"四步法"。健康风险评价首先是从致癌物质的风险评价开始,因此,致癌风险评价是研究最多、程序相对成熟的风险评价方法。健康风险评价对环境保护、轻化工产品、农药、医学管理、食品监督及职业安全等行业也有极其重要的意义。

生态风险评价是在健康风险评价的基础上发展起来。1992年美国《生态风险评价框架》将原健康风险评价的"四步法"过程整合成了三步,用问题提出代替了危害识别,将暴露评价和效应描述整合成了问题分析,从而使评价过程更简洁。1992年以后的准则都采用"三步法",即问题提出、问题分析和风险表征。生态风险评价是环境风险评价的重要组成部分,从不同角度理解,可以有不同的定义。从生态系统整体考虑,生态风险评价可以研究一种或多种压力形成或可能形成不利生态效应可能性的过程,也可以是主要评价对生态系统或组分产生不利影响的概率以及干扰作用效果。从评价对象考虑,生态风险评价可以重点评价污染物排放、自然灾害及环境变迁等环境事故对动植物和生态系统产生不利作用的大小和概率,也可以主要评价人类活动或自然灾害产生负面影响的概率和作用。从方法学角度来看,生态风险评价可以视为一种解决环境问题的实践和哲学方法,或被看作收集、整理表达科学信息以服务于管理决策过程。

生态风险评价的主要对象是生态系统或生态系统中不同生态水平的组分，健康风险评价则主要侧重于人群的健康风险。人群是生态系统的特殊种群，可把人体健康风险评价看作个体或种群水平的生态风险评价。

④ 按评价工作与事件发生的时间关系分类　环境风险评价可分为概率风险评价和事件后果实时评价。概率风险评价是指在环境风险事件发生前，预测某风险单元可能发生的环境事故及其可能造成的健康风险或生态风险；事故后果实时评价是指在环境事故发生期间给出实时的有毒有害物质的迁移轨迹及实时浓度分布，以便做出正确的防护决策，减少事故的危害。

⑤ 环境风险评价工作等级划分　为一级、二级、三级。根据建设项目涉及的物质及工艺系统危险性和所在地的环境敏感性确定环境风险潜势，按照表 7-5 确定评价工作等级。风险潜势为Ⅳ及以上，进行一级评价；风险潜势为Ⅲ，进行二级评价；风险潜势为Ⅱ，进行三级评价；风险潜势为Ⅰ，可开展简单分析。

表 7-5　评价工作等级划分

环境风险潜势	Ⅳ、Ⅳ+	Ⅲ	Ⅱ	Ⅰ
评价工作等级	一	二	三	简单分析①

① 是相对于详细评价工作内容而言，在描述危险物质、环境影响途径、环境危害后果、风险防范措施等方面给出定性的说明。

二、环境风险评价的标准

1. 环境风险评价标准

环境风险评价标准是为评价系统的风险性而制定的准则，是识别系统的安全水平、安全管理有效性和环境所造成的危险程度及制定相应应急措施的依据。风险评价标准需要包括两方面内容：一是风险事故的发生概率，如设计堤坝时，设计中采用的百年一遇或千年一遇的标准，采取此标准意味着其设计风险水平应达到每百年一次或每千年一次的防洪标准；二是风险事故的危害程度，主要反映风险事故所导致的损失率，包括财产损失和人员的死亡率、重伤率、轻伤率等。

2. 环境风险评价标准的制定

风险的类型不同，其危害形式也不同，衡量危害后果的度量也有不同的表征法，如人员伤亡、财产损失、生态破坏等。为了进行风险评价，需要有能够定量描述危害后果的指标，而且这种指标能够统一衡量各种不同性质的危害后果，对不同类别行业进行比较及制定同一行业标准。环境风险评价采用风险值 R 作为表征量。其定义为事故发生概率 P 与事故造成的环境（或人类健康）后果 C 的乘积，即：

$$R(危害/单位时间)=P(事故/单位时间)\times C(危害/事故)$$

风险的单位采用"死亡/年"，所有预测的概率不为零的事故中，对环境（或人类健康）危害最严重的重大事故被称为最大可信事故。风险评价标准是为管理决策服务的，对于风险管理决策通常是在危害后果分析的基础上进行费用-效益分析，在为减少风险付出的代价和效果之间寻求平衡，才可能正确地做出决策。这里就有一个平衡点的问题。风险评价标准实质上就是这样的平衡点，或者说就是社会对某一风险所能承受的最大阈值，也就是风险的最大可接受水平。

风险评价标准的制定必须科学、实用，即在技术上是可行的，在应用中有较强的可操作性。标准的制定，首先要反映公众的价值观、灾害承受能力。不同的地域、人群，由于受价值取向、文化素质、心理状态、道德观念、宗教习俗等因素影响，灾害承受力差异很大。其次，风险评价标准必须考虑社会的经济能力，社会经济能力无法承担，就会阻碍经济发展。因此必须进行费用-效益分析，寻找平衡点，优化标准，从而制定风险评价标准：最大可接受水平。可接受风险水平是根据历史的统计数据计算出来的，作为未来风险的准则，需要假定计算风险的条件仍适用于未来，并且需要设定全部人口承受风险的机会是均等的。

工业领域各行业事故发生的概念及损害程度不尽相同，统计和分析这些事故的资料，不仅是吸取教训减少事故发生的需要，同时亦是环境风险评价制定各行业最大可接受水平的重要基础和依据。然而，出于各种原因，各行业的事故统计数据存在诸多未作统计、不公开、统计不规范、统计管理不善等情况，使得数据收集困难。自然、工业、农业和其他行业，都存在潜在风险，通过长期的资料积累，可以得到各种潜在事故的发生概率。这些概率与相应的时间、空间和技术水平相关。随着技术的进步和防灾能力的提高，事故发生的概率是呈下降趋势的。对环境风险评价而言，以历史的统计资料预测将来的风险是偏保守估计，但却不失客观性。各行业事故危害所致风险水平可分为最大可接受水平和可忽略水平。最大可接受水平是不可接受风险的下限；而可忽略水平是当为了进一步减小其危害，而由此引起的间接危害可能更大，即控制危害的次级效应可能超过所减小危害的利益时的风险，这样的风险一般可忽略。

3. 环境风险评价标准类型

常用的环境风险评价标准有三类：补偿极限标准、人员伤亡风险标准及恒定风险标准。

(1) 补偿极限标准　风险所造成的损失主要有两类：一是事故造成的物质损失；二是事故造成的人员伤亡。物质损失可核算成经济损失，其相应的风险标准常用补偿极限标准，即随着减少风险措施投资的增加，年事故发生率就会下降，但当达到某点时，如果继续增加投资，从减少事故损失中得到的补偿很少，此时的风险度可作为风险评价的标准。

(2) 人员伤亡风险标准　普通人受自然灾害的危害或从事某种职业而造成伤亡的概率是客观存在的，且一般人能接受，这样的风险度可以作为评价标准。以每年不同年龄人群的自然死亡率为例，其中因各种原因而造成的死亡率在 10^{-4} 以上是不可接受的，而降到 $10^{-8} \sim 10^{-4}$ 范围则是可接受的；要将风险水平降到 10^{-4} 以下，则所需的代价太大，是不现实的。因此这可以反映一般公众对风险的认识，可认为是风险背景，也可看作是评价标准。

(3) 恒定风险标准　当存在多种可能的事故，而每种事故不论其产生的后果强度如何，将它的风险概率与风险后果强度的乘积规定为一个可接受的恒定值。当投资者有足够的资金去补偿事故的损失时，该恒定风险值作为评价和管理标准是最客观和合理的。但投资者往往只对其中某类事故更为关注，常常愿意花钱去降低低概率高强度的事故风险，而不愿花钱去降低高概率低强度的事故风险，尽管二者的乘积（即可能的风险损失)无多大差异。

三、环境风险评价的内容

环境风险评价内容包括风险调查、环境风险潜势初判、风险识别、风险事故情形分析、风险预测与评价、环境风险管理等。

(1) 基于风险调查，分析建设项目物质及工艺系统危险性和环境敏感性，进行风险潜势的判断，确定风险评价等级。

(2) 风险识别及风险事故情形分析应明确危险物质在生产系统中的主要分布，筛选具有代表性的风险事故情形，合理设定事故源项。

(3) 各环境要素按确定的评价工作等级分别开展预测评价，分析说明环境风险危害范围与程度，提出环境风险防范的基本要求。

① 大气环境风险预测。一级评价需选取最不利气象条件和事故发生地的最常见气象条件，选择适用的数值方法进行分析预测，给出风险事故情形下危险物质释放可能造成的大气环境影响范围与程度。对于存在极高大气环境风险的项目，应进一步开展关心点概率分析。二级评价需选取最不利气象条件，选择适用的数值方法进行分析预测，给出风险事故情形下危险物质释放可能造成的大气环境影响范围与程度。三级评价应定性分析说明大气环境影响后果。

② 地表水环境风险预测。一级、二级评价应选择适用的数值方法预测地表水环境风险，给出风险事故情形下可能造成的影响范围与程度；三级评价应定性分析说明地表水环境影响后果。

③ 地下水环境风险预测。一级评价应优先选择适用的数值方法预测地下水环境风险，给出风险事故情形下可能造成的影响范围与程度；低于一级评价的，风险预测分析与评价要求参照 HJ 610 执行。

(4) 提出环境风险管理对策，明确环境风险防范措施及突发环境事件应急预案编制要求。

(5) 综合环境风险评价过程，给出评价结论与建议。

互动交流

说一说，该如何确定环境风险评价标准？

相关链接

环境风险评价简单分析基本内容

复习与思考

1. 什么是环境风险？什么是环境风险评价？
2. 环境风险评价的内容有哪些？

环境风险评价简单分析基本内容

任务二　掌握风险评价程序与方法

知识目标　了解环境风险评价程序。

能力目标　能够通过风险评价方法对简单的建设项目环境风险进行评价。

素质目标　学会利用正确合理的工作程序在实际生活及工作中开展活动。

一、风险评价程序

环境风险评价工作程序如图 7-1。

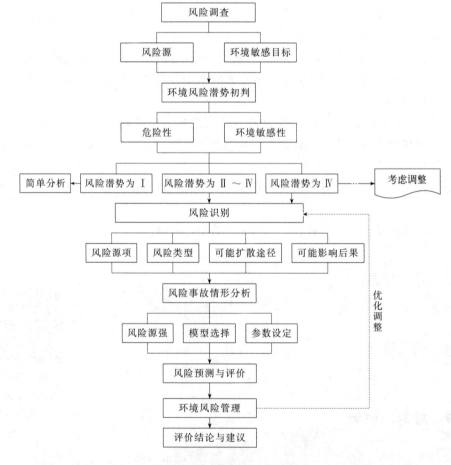

图 7-1　环境风险评价工作程序

二、风险评价方法

1. 环境风险潜势级别划分方法

建设项目环境风险潜势划分是根据建设项目涉及的危险物质和工艺系统的危险性（P）及其所在地的环境敏感程度（E），结合事故情形下环境影响途径，对建设项目环境风险水平进行概化分析，确定环境风险潜势。建设项目环境风险潜势等级取各环境要素等级的相对高值。

（1）危险物质及工艺系统危险性（P）等级的确定　危险物质及工艺系统危险性等级的确定，需要分析建设项目生产、使用、储存过程中涉及的有毒有害、易燃易爆物质的临界量，定量分析危险物质数量与临界量的比值 Q 和所属行业及生产工艺特点 M。按《建设项目环境风险评价技术导则》（HJ 169—2018）中附录 C 对危险物质及工艺系统危险性等级进行判断。

（2）环境敏感性（E）的分级

① 大气环境　根据保护目标环境敏感性及人口密度划分环境风险受体的敏感性，共为三种类型：E1 为环境高度敏感区，E2 为环境中度敏感区，E3 为环境低度敏感区，分级原则见表 7-6。

表 7-6　大气环境敏感性分级原则

分级	大气环境敏感性
E1	周边 5km 范围内居住区、医疗卫生、文化教育、科研、行政办公等机构人口总数大于 5 万人，或其他需要特殊保护区域；或企业周边 500m 范围内人口总数大于 1000 人；油气、化学品输送管线管段周边 500m 范围人口数大于 2 万人
E2	周边 5km 范围内居住区、医疗卫生、文化教育、科研、行政办公等机构人口总数大于 1 万人，小于 5 万人；或企业周边 500m 范围内人口总数大于 500 人，小于 1000 人；油气、化学品输送管线管段周边 500m 范围人口数大于 1 万人，小于 2 万人
E3	周边 5km 范围内存在特殊高密度场所(居住区、医疗卫生、文化教育、科研、行政办公等)人口总数小于 1 万人；或企业周边 500m 范围内人口总数小于 500 人；油气、化学品输送管线管段周边 500m 范围人口数小于 1 万人

② 地表水环境　依据风险事故情况下危险物质泄漏到水体的排放点受纳地表水体功能敏感性与下游敏感保护目标情况，共分为三种类型：E1 为环境高度敏感区，E2 为环境中度敏感区，E3 为环境低度敏感区。分级原则见表 7-7。其中地表水功能敏感性分区和敏感保护目标分级分别见表 7-8 和表 7-9。

表 7-7　地表水环境敏感程度分级原则

敏感保护目标	地表水功能敏感性		
	F1	F2	F3
S1	E1	E2	E3
S2	E1	E2	E3
S3	E1	E2	E3

表 7-8 地表水功能敏感性分区

敏感性	地表水环境敏感特性
敏感 F1	排放点进入地表水水域环境功能为Ⅱ类及以上,或海水水质分类第一类;或以发生风险事故时,危险物质泄漏到水体的排放点算起,排放进入受纳河流最大流速时,24h流经范围内涉跨国界的
较敏感 F2	排放点进入地表水水域环境功能为Ⅲ类,或海水水质分类第二类;或以发生风险事故时,危险物质泄漏到水体的排放点算起,排放进入受纳河流最大流速时,24h内流经范围内涉跨省界的
低敏感 F3	上述地区之外的其他地区

表 7-9 敏感保护目标分级

分级	敏感保护目标
S1	发生风险事故时,危险物质泄漏到水体的排放点下游(顺水流向)10km范围内有如下一类或多类环境风险受体:乡镇及以上城镇饮用水水源(地表水或地下水)保护区;自来水厂取水口;自然保护区;重要湿地;珍稀、濒危野生动植物天然集中分布区;重要水生生物的自然产卵场及索饵场、越冬场和洄游通道;世界文化和自然遗产地;红树林、珊瑚礁等滨海湿地生态系统;珍稀、濒危海洋生物的天然集中分布区;海洋特别保护区;海上自然保护区;盐场保护区;海水浴场;海洋自然历史遗迹;风景名胜区;其他特殊重要保护区域
S2	发生风险事故时,危险物质泄漏到水体的排放点下游(顺水流向)10km范围内有如下一类或多类环境风险受体的:水产养殖区;天然渔场;森林公园;地质公园;海滨风景游览区;具有重要经济价值的海洋生物生存区域
S3	排放点下游(顺水流向)10km范围无上述S1级和S2级包括的敏感保护目标

2. 风险识别方法

(1) 资料收集和准备　根据危险物质泄漏、火灾、爆炸等突发性事故可能造成的环境风险类型,收集和准备建设项目工程资料,周边环境资料,国内外同行业、同类型事故统计分析及典型事故案例资料。对已建工程应收集环境管理制度,操作和维护手册,突发环境事件应急预案,应急培训、演练记录,历史突发环境事件及生产安全事故调查资料,设备失效统计数据等。

(2) 物质危险性识别

① 重大危险源识别　对于单种危险物质按《危险化学品重大危险源辨识》(GB 18218—2018)相关规定进行确定。

若单元内存在的危险化学品为单一品种,则该危险化学品的数量即为单元内危险化学品的总量,若等于或超过相应的临界量,则定为重大危险源。

若其中一种危险化学品具有多种危险性,按其中最低的临界量确定。

② 危害程度识别　按《职业性接触毒物危害程度分级》(GBZ/T 230—2010)进行识别,包括对致癌、致畸、致突变物质、持久性污染物、活性化学物质以及恶臭污染等物质识别。

③ 火灾、爆炸物质　危险物质包括火灾、爆炸等伴生/次生的危险物质。

(3) 生产系统危险性识别　按工艺流程和平面布置功能区划,结合物质危险性识别,以图表的方式给出危险单元划分结果及单元内危险物质的最大存在量。按生产工艺流程分析危险单元内潜在的风险源。

按危险单元分析风险源的危险性、存在条件和转化为事故的触发因素。

采用定性或定量分析方法筛选确定重点危险单元。

(4) 环境风险类型及危害分析　环境风险类型包括危险物质泄漏，以及火灾、爆炸等引发的伴生/次生污染物排放。需根据物质及生产系统危险性识别结果，分析环境风险类型、危险物质向环境转移的可能途径和影响方式。

3. 源项分析

源项分析的主要任务是确定最大可信事故的发生概率及危险化学品的可能泄漏量。

(1) 确定最大可信事故概率的方法　有定性和定量两种类型，定性方法包括类比法、加权法、因素图分析法等，首推类比法。例如对于某种装置的事故，统计该装置发生事故的历史资料，得到其事故频率。定量方法包括事故树和事件树、归纳统计法等。

① **事故树分析法**　事故树是一种演绎分析工具，用以系统地描述能导致到达某一特定危险状态（通常称为顶事件）的所有可能的故障。顶事件是一个事故序列。通过事故树的分析，能估算出某一特定事故（即顶事故）发生的概率。《建设项目环境风险评价技术导则》也将事故树分析作为确定事故概率可采用的方法之一。

事故树分析法是通过建立顶事件发生的逻辑树图，自上而下地分析导致顶事件的原因及其相互逻辑关系。事故树方法通常依照以下的分析程序进行：

a. 划分事故系统，确定事故树的顶事件。

b. 分析导致顶事件发生的原因事件及其逻辑关系，作事故树因。

c. 求解事故树的最小割集，进行事故树定性分析。这里的最小割集指的是导致顶事件发生所必需的最小限度的基本事件集合。通过求解最小割集，可以获得顶事件发生的所有可能途径的信息。

d. 求解顶事件概率，进行事故树定量分析。计算时可将事故树经布尔代数简化后，求得事故树的最小割集再进行计算，并通过结构重要度、概率重要度以及临界重要度的分析来确定出基本事件的重要度，以便分出基本事件对顶事件的发生所起作用的大小，分出轻重缓急，有的放矢地采取措施，控制事故的发生。

图 7-2 是温度失控导致反应器爆炸的事故树。可以看出，反应器爆炸是顶事件 A，$E_1 \sim E_6$ 都为中间事件，都可以由初因事件到中间事件的故障树表示出来。根据故障树中的"与"门、"或"门的关系，可以得到一系列，有显著不同的事件集。$A = E_1 \times q_1$，$E_1 = E_2 + E_3$，$E_2 = E_4 + E_5 + E_6$，由此可以得到，$A = E_1 \times q_1 = E_3 \times q_1 E_4 \times q_1 + E_5 \times q_1 + E_6 \times q_1$。由此可见，事件集 $\{q_1, E_3\}$，$\{q_1, E_4\}$，$\{q_1, E_5\}$，$\{q_1, E_6\}$ 中任何一个发生，都将导致反应器发生爆炸，这种从故障树上切割下来的事件集称为最小切割集。

$$A = 2 \times 10^{-6} + 4 \times 10^{-6} + 1 \times 10^{-8} + 1 \times 10^{-8} = 6.02 \times 10^{-6}。$$

计算结果表明，构成反应器失控爆炸风险的关键因素是安全阀未打开，因此，如何改进安全阀性能及其控制系统的可靠性是防止爆炸的关键问题。此外，提高加热系统和温控元件的可靠性也很重要。

② **事件树分析法**　以污染系统向环境的排放事故为顶事件的事故树分析，可以给出导致事故排放的故障原因事件及其发生概率，而事故排放的源强或事故后果的各种可能性需要结合事件树的分析作进一步的分析。

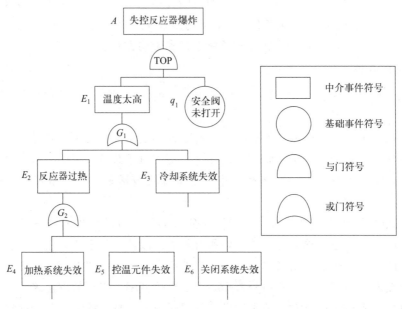

图 7-2 温度失控导致反应器爆炸的事故树

事件树分析是从初因事件出发，按照事件发展的时序，分成阶段，对后继事件一步一步地进行分析；每一步都从成功和失败（或可能和不可能）两种或多种的状态进行考虑（即考虑不同分支），直至最后用水平树枝图表示其可能后果的一种分析方法，以定性、定量了解整个事故的动态变化过程及其各种状态的发生概率。

需要注意的是，事件树分析中后继事件的出现是以前一事件发生为条件而与再前面的事件无关的，是许多事件按时间顺序相继出现、发展的结果。针对所选择的不同故障事件作为原因事件，事件树分析可能得出不同的相应事件链。污染系统向环境排放事故的事故树分析所确定的能导致向环境排放污染物的各种事件，由于其故障原因和所导致的污染物排放形态各异，使得事故排放的强度有所差别，因此都应作为源强事件树分析的起因事件。简单的污染源源强分析，可取其事故排放顶事件为事件树的起因事件。

③ 归纳统计法　通过行业发生事故频次的统计，归纳出事件发生概率大小的方法。泄漏事故类型如容器、管道、泵体、压缩机、装卸臂和装卸软管的泄漏和破裂等，泄漏频率见《建设项目环境风险评价技术导则（征求意见稿）》附录 E 表 E.1。

(2) 事故源强的确定　事故源强是指风险发生时污染源事故排放强度，而根据度量单位的不同，事故排放强度又可以分为排放量、流量、浓度和时间四种指标。事故源强的确定主要包括危险化学品的泄漏时间及泄漏量。泄漏量的计算包括液体泄漏速率、气体泄漏速率、两相流泄漏、泄漏液体蒸发量计算等。泄漏源的形状会对泄漏量产生影响。泄漏源的几何形状可能是泄压阀失控形成的圆形孔，或罐体脆裂形成的不规则裂纹，或物体击穿容器形成的其他形状等。危险品泄漏时间有长有短，根据污染物泄漏时间长短，排放方式大致分为三类：瞬时、连续、瞬时和连续并存。瞬时泄漏排放是指在极短暂的时间内污染物就泄漏完毕，如储罐等容器的灾害性破裂、爆炸等导致污染物的泄漏就属于这一类；连续泄漏是指污染物连续不断地排放；瞬时与连续并存的泄漏称为非典型性泄漏。

污染物扩散是与污染物的泄漏方式紧密联系的。不同的泄漏方式会造成不同的泄漏量，正确分析分析泄漏源的特征以确定污染物的事故源强并建立适当的泄漏模型，是进行危险泄漏扩散分析的前提和基础。

 互动交流

说一说，建设项目风险评价程序中各环节的评价方法有何特点？

 相关链接

一些评价程序中用到的附表举例

一些评价程序中用到的附表举例

 复习与思考

建设项目环境风险评价的程序是什么？

任务三　掌握环境风险管理方法，给予评价结论

 知识目标　了解环境风险管理方法的概念、目的、内容等。

 能力目标　能够根据环境风险评价情况给出正确的评价结论。

素质目标　通过环境风险管理的方法形成一般管理性事务的处理思路。

一、环境风险管理的概念、目的和内容

1. 环境风险管理的概念

美国学者阿瑟阿姆等从狭义的角度解释了风险管理，认为风险管理是处理个人、家庭、企业或其他团体所面临纯粹风险的一种有组织的方法。英国学者对风险管理的定义侧重于对经济的控制和处理程序方面，如狄克逊将风险管理定义为对威胁企业生产和收益能力的一切因素予以确认、评价和经济的控制。上述从不同角度来理解风险管理的定义都有一定的局限性。现代的风险管理发展过程中形成了许多较为成熟全面的定义，如美国学者威廉姆斯和海因斯认为"风险管理是通过对风险的识别、衡量和控制，以最小的成本将风险导致的各种不利后果减少到最低限度的科学管理方法"。

环境风险管理是风险管理在环境保护领域的应用，既可以看作是一种特殊的管理

功能，又可以归为风险管理学科的分支学科。具体来说，环境风险管理就是由环境管理部门、企事业单位和环境科研机构运用各种先进的管理工具，通过对环境风险的分析、评价，考虑到环境的种种不确定性，提出供决策的方案，力求以较少的环境成本获得较多的安全保障。

2. 环境风险管理的目的

环境风险管理的目的是根据环境风险评价的结果，按照恰当的法规和条例，选用有效的控制技术，进行削减风险的费用和效益分析，确定可接受的风险度和损害水平，进行政策分析并考虑社会经济和政治因素，决定适当的管理措施并付诸实施，以降低或消除该风险度，保护人群健康与生态系统的安全。

3. 环境风险管理的内容

环境风险管理的内容包括环境风险管理目标、风险防范措施和突发环境事件应急预案。

（1）环境风险管理目标　风险管理目标是采用最低合理可行原则，防止出现超过最大可接受水平的风险，把风险降低到尽可能低的水平。环境风险水平分为最大可接受水平和可忽略水平，两者之间为最低合理可接受水平区。最大可接受水平是不可接受风险的下限，可忽略水平是指进一步控制风险的代价可能超过所减小风险利益的风险水平。

（2）风险防范措施　对于大气环境风险防范，应结合风险源状况明确环境风险的防范、削减措施，提供环境风险监控要求，并结合环境风险预测分析结果，提出事故状态下人员的疏散方式、路线及安置等应急建议要求。对于改建、扩建和技术改造项目，应对依托企业现有环境风险防范措施的有效性进行评价，提出完善意见和建议。

环境风险防范措施纳入环境保护投资和建设项目竣工环境保护验收内容。考虑风险事故触发具有不确定性，厂内环境风险防控系统应纳入园区/区域环境风险防控体系，明确风险防控设施、管理的衔接要求。极端事故风险防控及应急处置应结合所在园区/区域环境风险防控体系统筹考虑。当发生重特大环境风险事件时，及时启动园区/区域环境风险防范措施，实现厂内与园区/区域风险防控设施及管理有效联动，有效防控环境风险。

（3）突发环境事件应急预案　突发环境事件应急预案的编制应注意：

① 按照国家、地方和相关部门要求，提出突发环境事件应急预案编制的原则要求。

② 突发环境事件应急预案应明确企业、园区/区域、地方政府环境风险应急体系。企业突发环境事件应急预案应体现"分类管理，分级响应，区域联动"的原则，与地方政府突发环境事件应急预案相衔接，明确分级响应程序。

应急预案基本内容包括：

① 总则：包括编制目的、编制依据、环境事件分类与分级、工作原则；

② 组织指挥与职责；

③ 预警；

④ 应急响应：包括分级响应机制、应急响应程序、信息报送与处理、指挥和协

调、应急处置措施、应急监测、应急终止；

⑤ 应急保障：包括资金保障、装备保障、通信保障、人力资源保障、技术保障、宣传培训与演练、应急能力评价；

⑥ 善后处置；

⑦ 预案管理与更新。

二、环境风险管理方法

环境风险管理具有三个层次：社会级、企业级、部门级。

社会级管理要制定和修改法规、管理条例等。政府在制定和修改有关法规时，应充分考虑各种能产生环境风险的因素，同时要制定良好的管理制度，并遵照执行。

企业级管理要求企业修改或采用与提高安全性有关的操作规程和技术措施。

部门级管理要求部门形成良好的管理制度和工作方式。

1. 政府环境风险管理方法

风险管理是政府的职责，是建立在风险评价的基础之上，实施预防性政策的基础工作。风险分析和评价为风险管理在两个主要方面创造了条件：

（1）告诉决策者应如何计算风险，并将可能的代价和减少风险的效益在制定政策时考虑进去。与此相关联的是确定"可承受风险"。

（2）使公众接受风险。受价值观、心理因素、社会学、伦理道德等多方面因素的影响，公众对不同风险的接受程度不尽相同。公众往往对一些风险较小的开发行为或建设项目（如建核电站）不愿接受，而对一些从客观标准看来风险较大的行为或项目（如建火力发电站等）则易接受。重视环境风险对公众的影响，保护社会和公众免受灾难，始终是政府的职责，因此，风险管理可从以下几方面进行考虑：

① 风险管理必须考虑社会、政治和经济因素，使可能受事故风险影响的公众感到满意。因此，政府制定的制度和措施必须明确和容易理解。

② 为了减少风险，必须通过规划从布局上解决问题，例如生产危险化学品的工厂应规划在远离居住区，位于下风向、重要的水资源流域范围之外。当然，零风险是不现实的，应当考虑技术经济上的可行性。

③ 应该允许居住在风险较大的环境中而又无法使其动迁到不受影响环境的人们能在风险的资源分配中得到效益作为补偿。

④ 应加强环境风险评价的科学研究。无论是识别、预测和评价风险都有许多不清楚的问题需要深入研究。对于环境风险，当前非常重要的是建立完善的释放、迁移模型，人群照射损害模型，合理的可接受风险水平等。

2. 建设单位环境风险管理方法

在政府环境保护及有关职能部门的监督和指导下，项目建设和运行单位应加强风险管理。对于项目建设和运行单位来说，应将拟订环境风险计划作为其首要职责，把所有的风险源都纳入风险管理计划。具体的管理方法如下：

（1）环境风险的控制　对可能出现的或已出现的风险源开展风险评价，事先拟订可行的风险控制行动方案。环境风险的控制措施主要有以下几项：

① 减轻环境风险 如在工业生产中，使用质量好的零部件，减少设备故障；改进生产工艺和生产设备；加强操作人员的技术培训和管理，尽量减少人为失误而导致的事故；采用安全报警与控制系统来阻止事故的蔓延；采用缓冲系统，建设各种预防设施，防止事故的发生，减少事故所造成的损失。

② 转移环境风险 在某些情况下，可采取迁移厂址、迁出居民等措施使环境风险转移。

③ 替代环境风险 通过改变生产原料、能源结构或改变产品品种等，达到用另一种较小的环境风险来替代原来的环境风险的目的。

④ 避免环境风险 只有关闭造成环境风险的工厂或生产线，才能真正避免该环境风险。

（2）由专家参与环境风险管理计划的评判并负责行动计划的执行。

（3）将潜在风险的状况及其控制方案和具体措施公之于众。

（4）加强风险控制人员队伍训练及应急行动方案的学习，同时还应加强风险管理计划实施效果的规范化核查。

最根本的措施是将风险管理与全局管理相结合，实现"整体安全"。不只局限于技术上的预防，也包含提高效率、效益和产品质量。

三、给出环境风险评价结论与建议

环境风险评价结论应包括项目危险因素、环境敏感性及事故环境影响、环境风险防范措施和应急预案、环境风险评价结论与建议几部分内容。

项目危险因素部分需简要说明主要危险物质、危险单元及其分布，明确项目危险因素，提出优化平面布局、调整危险物质存在量及危险性控制的建议。环境敏感性及事故环境影响部分需简要说明项目所在区域环境敏感目标及其特点，根据预测分析结果，明确突发性事故可能造成环境影响的区域和涉及的环境敏感目标，提出保护措施及要求。根据建设项目环境风险可能影响的范围与程度，提出缓解环境风险的建议措施。对存在较大环境风险的建设项目，须提出环境影响后评价的要求。

 互动交流

说一说，给出环境风险评价结论时应注意些什么？

 相关链接

大气风险预测模型主要参数表和环境风险评价自查表

 复习与思考

1. 环境风险管理包括哪些内容？
2. 环境风险评价结论包括哪些内容？

大气风险预测模型
主要参数表

环境风险评价自查表

模块四　规划环境影响评价

任务一　规划环境影响评价概述

> **知识目标**　了解规划环境影响评价的概念、原则、内容以及流程。
>
> **能力目标**　能够进行根据所学内容解释规划环境影响评价的基本内容。
>
> **素质目标**　了解规划环评的意义。

一、规划环境影响评价的概念

规划是指比较全面、长远的发展计划。一般具有明确的预期目标、规划具体的执行者及应采取的措施，以保证预定目标的实现。如我国调控期间为 5 年或 5 年以上时序以及规划包含的具体建设项目的建设计划等。

规划环境影响评价是指规划编制阶段，对规划实施可能造成的环境影响进行分析、预测和评价，并提出预防或者减轻不良环境影响的对策和措施，进行跟踪监测的方法与制度。规划环境影响评价不同于建设项目环境影响评价，其有助于解决无法在项目层次上解决的冲突，且能够分析众多项目的累积环境影响。进行规划环境影响评价就是要将环境保护的思想尽早地纳入到决策中，使环境因素与社会、经济因素一样，在规划形成之初即得到重视，使规划更加符合可持续发展的要求。

二、规划环境影响评价的原则

1. 早期介入、过程互动

评价应在规划编制的早期阶段介入，在规划前期研究和方案编制、论证、审定等关键环节和过程中充分互动，不断优化规划方案，提高环境合理性。

2. 统筹衔接、分类指导

评价工作应突出不同类型、不同层级规划及其环境影响特点，充分衔接"三线一单"成果，分类指导规划所包含建设项目的布局和生态环境准入。

3. 客观评价、结论科学

依据现有知识水平和技术条件对规划实施可能产生的不良环境影响的范围和程度进行客观分析，评价方法应成熟可靠，数据资料应完整可信，结论建议应具体明确且具有可操作性。

三、规划环境影响预测与评价的内容

1. 预测情景设置

应结合规划所依托的资源环境和基础设施建设条件、区域生态功能维护和环境质量改善要求等,从规划规模、布局、结构、建设时序等方面,设置多种情景开展环境影响预测与评价。

2. 规划实施生态环境压力分析

(1) 依据环境现状评价和回顾性分析结果,考虑技术进步等因素,估算不同情景下水、土地、能源等规划实施支撑性资源的需求量和主要污染物(包括常规污染物和特征污染物)的产生量、排放量。

(2) 依据生态现状评价和回顾性分析结果,考虑生态系统演变规律及生态保护修复等因素,评估不同情景下主要生态因子(如生物量、植被覆盖度/率、重要生境面积等)的变化量。

(3) 影响预测与评价

① 水环境影响预测与评价。预测不同情景下规划实施导致的区域水资源、水文情势、海洋水文动力环境和冲淤环境、地下水补径排状况等的变化,分析主要污染物对地表水和地下水、近岸海域水环境质量的影响,明确影响的范围、程度,评价水环境质量的变化能否满足环境目标要求,绘制必要的预测与评价图件。

② 大气环境影响预测与评价。预测不同情景下规划实施产生的大气污染物对环境空气质量的影响,明确影响范围、程度,评价大气环境质量的变化能否满足环境目标要求,绘制必要的预测与评价图件。

③ 土壤环境影响预测与评价。预测不同情景下规划实施的土壤环境风险,评价土壤环境的变化能否满足相应环境管控要求,绘制必要的预测与评价图件。

④ 声环境影响预测与评价。预测不同情景下规划实施对声环境质量的影响,明确影响范围、程度,评价声环境质量的变化能否满足相应的功能区目标,绘制必要的预测与评价图件。

⑤ 生态影响预测与评价。预测不同情景下规划实施对生态系统结构、功能的影响范围和程度,评价规划实施对生物多样性和生态系统完整性的影响,绘制必要的预测与评价图件。

⑥ 环境敏感区影响预测与评价。预测不同情景下规划实施对评价范围内生态保护红线、自然保护区等环境敏感区的影响,评价其是否符合相应的保护和管控要求,绘制必要的预测与评价图件。

⑦ 人群健康风险分析。对可能产生具有易生物蓄积、长期接触对人群和生物产生危害作用的无机和有机污染物、放射性污染物、微生物等的规划,根据上述特定污染物的环境影响范围,估算暴露人群数量和暴露水平,开展人群健康风险分析。

⑧ 环境风险预测与评价。对于涉及重大环境风险源的规划,应进行风险源及源强、风险源叠加、风险源与受体响应关系等方面的分析,开展环境风险评价。

(4) 资源与环境承载力评估

① 资源与环境承载力分析。分析规划实施支撑性资源（水资源、土地资源、能源等）可利用（配置）上线和规划实施主要环境影响要素（大气、水等）污染物允许排放量，结合现状利用和排放量、区域削减量，分析各评价时段剩余可利用的资源量和剩余污染物允许排放量。

② 资源与环境承载状态评估。根据规划实施新增资源消耗量和污染物排放量，分析规划实施对各评价时段剩余可利用资源量和剩余污染物允许排放量的占用情况，评估资源与环境对规划实施的承载状态。

四、评价流程

1. 工作流程

规划环境影响评价应在规划编制的早期阶段介入，并与规划编制、论证及审定等关键环节和过程充分互动，互动内容一般包括：

（1）在规划前期阶段，同步开展规划环评工作。通过对规划内容的分析，收集与规划相关的法律法规、环境政策等，收集上层位规划和规划所在区域战略环评及"三线一单"成果，对规划区域及可能受影响的区域进行现场踏勘，收集相关基础数据资料，初步调查环境敏感区情况，识别规划实施的主要环境影响，分析提出规划实施的资源、生态、环境制约因素，反馈给规划编制机关。

（2）在规划方案编制阶段，完成现状调查与评价，提出环境影响评价指标体系，分析、预测和评价拟定规划方案实施的资源、生态、环境影响，并将评价结果和结论反馈给规划编制机关，作为方案比选和优化的参考和依据。

（3）在规划的审定阶段：

① 进一步论证拟推荐规划方案的环境合理性，形成必要的优化调整建议，反馈给规划编制机关。针对推荐的规划方案提出不良环境影响减缓措施和环境影响跟踪评价计划，编制环境影响报告书。

② 如果拟选定的规划方案在资源、生态、环境方面难以承载，或者可能造成重大不良生态影响且无法提出切实可行的预防或减缓对策和措施，或者根据现有的数据资料和专家知识对可能产生的不良生态影响的程度、范围等无法做出科学判断，应向规划编制机关提出对规划方案做出重大修改的建议并说明理由。

（4）规划环境影响报告书审查会后，应根据审查小组提出的修改意见和审查意见对报告书进行修改完善。

（5）在规划报送审批前，应将环境影响评价文件及其审查意见正式提交给规划编制机关。

2. 技术流程

规划环境影响评价的技术流程见图7-3。

五、评价方法

规划环境影响评价各工作环节常用方法详见表7-10。开展具体评价工作时可根据需要选用，也可选用其他已广泛应用、可验证的技术方法。

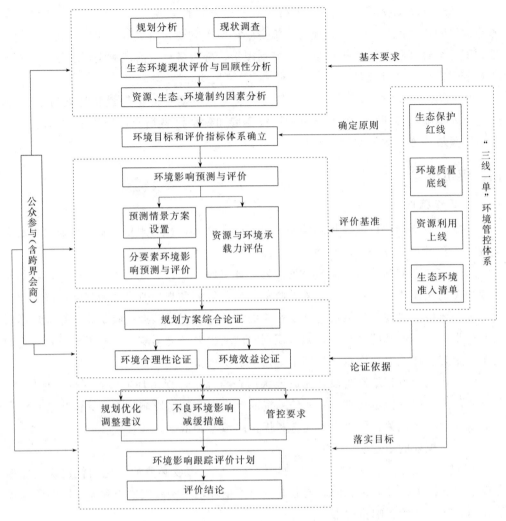

图 7-3 规划环境影响评价技术流程图

表 7-10 规划环境影响评价的常用方法

评价环节	可采用的主要方式和方法
规划分析	核查表、叠图分析、矩阵分析、专家咨询(如智暴法、德尔斐法等)、情景分析、类比分析、系统分析
现状调查与评价	现状调查:资料收集、现场踏勘、环境监测、生态调查、问卷调查、访谈、座谈会。环境要素的调查方式和监测方法可参考 HJ 2.2、HJ 2.3、HJ 2.4、HJ 19、HJ 610、HJ 623、HJ 964 和有关监测规范执行。 现状分析与评价:专家咨询、指数法(单指数、综合指数)、类比分析、叠图分析、生态学分析法(生态系统健康评价法、生物多样性评价法、生态机理分析法、生态系统服务功能评价方法、生态环境敏感性评价方法、景观生态学法等)、灰色系统分析法
环境影响识别与评价指标确定	核查表、矩阵分析、网络分析、系统流图、叠图分析、灰色系统分析法、层次分析、情景分析、专家咨询、类比分析、压力-状态-响应分析
规划实施生态环境压力分析	专家咨询、情景分析、负荷分析(估算单位国内生产总值物耗、能耗和污染物排放量等)、趋势分析、弹性系数法、类比分析、对比分析、供需平衡分析

续表

评价环节	可采用的主要方式和方法
环境影响预测与评价	类比分析、对比分析、负荷分析(估算单位国内生产总值物耗、能耗和污染物排放量等)、弹性系数法、趋势分析、系统动力学法、投入产出分析、供需平衡分析、数值模拟、环境经济学分析(影子价格、支付意愿、费用效益分析等)、综合指数法、生态学分析法、灰色系统分析法、叠图分析、情景分析、相关性分析、剂量-反应关系评价。环境要素影响预测与评价的方式和方法可参考 HJ 2.2、HJ 2.3、HJ 2.4、HJ 19、HJ 610、HJ 623、HJ 964 执行
环境风险评价	灰色系统分析法、模糊数学法、数值模拟、风险概率统计、事件树分析、生态学分析法、类比分析。可参考 HJ 169 执行

 互动交流

说一说，规划环境影响评价与一般的建设项目环境影响评价有何区别？

 相关链接

规划环境影响报告书包括的主要内容

规划环境影响报告书包括的主要内容

 复习与思考

1. 什么是规划环境影响评价？
2. 规划环境影响评价工作中应遵循哪些原则？
3. 规划环境影响评价的内容有哪些？

任务二　规划环境影响评价工作评价范围及分析

 知识目标　了解规划环境影响评价工作评价范围和要求。

 能力目标　能够划分规划环境影响评价的工作评价范围，并对规划环境影响评价进行分析。

 素质目标　养成运用国家有关法律规定分析工作任务要求的习惯。

一、规划环境影响评价工作评价范围及要求

1. 规划环境影响评价适用范围

《中华人民共和国环境影响评价法》将国务院有关部门、市区的高级以上地方人

民政府及其有关部门组织编制的规划中,需要进行环境影响评价的规划分为三类:第一类是"一地"(即土地)利用的有关规划;第二类是"三域"(即区域、流域及海域)的建设开发利用规划;第三类是"十个专项"(即工业、农业、畜牧业、林业、能源、水利、交通、城市建设、旅游和自然资源开发)的有关专项规划。

对于上述"一地""三域"规划和"十个专项"规划中的指导性规划,应当在规划编制过程中进行环境影响评价,编写该规划有关环境影响的篇章;对于"十个专项"规划中的非指导性规划,应当在该专项规划草案上报审批前,进行环境影响评价,并向审批该专项规划的机关提交环境影响报告书。

为全面提高规划环境影响评价的有效性,强化空间和总量管理、生态环境准入清单的管理,规划环境影响评价全过程应在"三线一单"的环境准入管控体系下实施。"三线一单"是指生态保护红线、环境质量底线、资源利用上线和生态环境准入清单。

生态保护红线是指在生态空间范围内具有特殊重要生态功能、必须强制性严格保护的区域,是保障和维护国家生态安全的底线和生命线,通常包括具有重要水源涵养、生物多样性维护、水土保持、防风固沙、海岸生态稳定等功能的生态功能重要区域,以及水土流失、土地沙化、石漠化、盐渍化等生态环境敏感脆弱区域。

环境质量底线是指按照水、大气、土壤环境质量不断优化的原则,结合环境质量现状和相关规划、功能区划要求,考虑环境质量改善潜力确定的分区域、分阶段环境质量目标及相应的环境管控、污染物排放控制等要求。

资源利用上线是以保障生态安全和改善环境质量为目的,结合自然资源开发管控提出的分区域、分阶段的资源开发利用总量、强度、效率等管控要求。

生态环境准入清单是指基于环境管控单元,统筹考虑生态保护红线、环境质量底线、资源利用上线的管控要求,以清单形式提出的空间布、污染物排放、环境风险防控、资源开发利用等方面生态环境准入要求。

2. 规划环境影响评价的评价范围

规划环境影响评价按照规划实施的时间跨度和可能影响的空间尺度确定评价范围。评价范围在时间跨度上,一般应包括整个规划周期。对于中、长期规划,可将规划近期作为评价的重点时段;必要时,也可根据规划方案的建设时序选择评价的重点时段。评价范围在空间跨度上,一般应包括规划区域、规划实施影响的周边地域,特别应将规划实施可能影响的环境敏感区、重点生态功能区等重要区域整体纳入评价范围。

确定规划环境影响评价的空间范围一般应同时考虑三个方面的因素:①规划的环境影响可能达到的地域范围;②自然地理单元、气候单元、水文单元、生态单元等的完整性;③行政边界或已有的管理区界,如自然保护区界、饮用水水源保护区界等。

二、规划环境影响评价分析

1. 规划分析

规划分析包括规划概述和规划协调性分析。规划概述应明确可能对生态环境造成影响的规划内容;规划协调性分析应明确规划与相关法律、法规、政策的相符性,以及规划在空间布局、资源保护与利用、生态环境保护等方面的冲突和矛盾。

(1)规划概述 介绍规划编制背景和定位,结合图、表梳理分析规划的空间范围和布局，规划不同阶段目标、发展规模、布局、结构（包括产业结构、能源结构、资源利用结构等）、建设时序，配套基础设施等可能对生态环境造成影响的规划内容，梳理规划的环境目标、环境污染治理要求、环保基础设施建设、生态保护与建设等方面的内容。如规划方案包含的具体建设项目应有明确的规划内容，应说明其建设时段、内容、规模、选址等。

（2）规划协调性分析

① 筛选出与本规划相关的生态环境保护法律法规、环境经济政策、环境技术政策、资源利用和产业政策，分析本规划与其相关要求的符合性。

② 分析规划规模、布局、结构等规划内容与上层位规划、区域"三线一单"管控要求、战略或规划环评成果的符合性，识别并明确在空间布局以及资源保护与利用、生态环境保护等方面的冲突和矛盾。

③ 筛选出在评价范围内与本规划同层位的自然资源开发利用或生态环境保护相关规划，分析与同层位规划在关键资源利用和生态环境保护等方面的协调性，明确规划与同层位规划间的冲突和矛盾。

2. 环境影响现状调查与评价

开展资源利用和生态环境现状调查、环境影响回顾性分析，明确评价区域资源利用水平和生态功能、环境质量现状、污染物排放状况，分析主要生态环境问题及成因，梳理规划实施的资源、生态、环境制约因素。

（1）现状调查内容 调查应包括自然地理状况、环境质量现状、生态状况及生态功能、环境敏感区和重点生态功能区、资源利用现状、社会经济概况、环保基础设施建设及运行情况等内容。实际工作中应根据规划环境影响特点和区域生态环境保护要求，选择相应内容开展调查和资料收集，并附相应图件。

现状调查应立足于收集和利用评价范围内已有的常规现状资料，并说明资料来源和有效性。有常规监测资料的区域，资料原则上包括近 5 年或更长时间段资料，能够说明各项调查内容的现状和变化趋势。对其中的环境监测数据，应给出监测点位名称、监测点位分布图、监测因子、监测时段、监测频次及监测周期等，分析说明监测点位的代表性。

当已有资料不能满足评价要求，或评价范围内有需要特别保护的环境敏感区时，可利用相关研究成果，必要时进行补充调查或监测，补充调查样点或监测点位应具有针对性和代表性。

（2）现状评价与回顾性分析

① 资源利用现状评价 明确与规划实施相关的自然资源、能源种类，结合区域资源禀赋及其合理利用水平或上线要求，分析区域水资源、土地资源、能源等各类资源利用的现状水平和变化趋势。

② 环境与生态现状评价 结合各类环境功能区划及其目标质量要求，评价区域水、大气、土壤、声等环境要素的质量现状和演变趋势，明确主要特征污染因子，并分析其主要来源；分析区域环境质量达标情况、主要环境敏感区保护等方面存在的问题及成因，明确需解决的主要环境问题。

结合区域生态系统的结构与功能状况，评价生态系统的重要性和敏感性，分析生态状况和演变趋势及驱动因子。当评价区域涉及环境敏感区和重点生态功能区时，应分析其生态现状、保护现状和存在的问题等；当评价区域涉及受保护的关键物种时，应分析该物种种群与重要生境的保护现状和存在问题。明确需解决的主要生态保护和修复问题。

③ 环境影响回顾性分析　结合上一轮规划实施情况或区域发展历程，分析区域生态环境演变趋势和现状生态环境问题与上一轮规划实施或发展历程的关系，调查分析上一轮规划环评及审查意见落实情况和环境保护措施的效果。提出本次评价应重点关注的生态环境问题及解决途径。

（3）制约因素分析　分析评价区域资源利用水平、生态状况、环境质量等现状与区域资源利用上线、生态保护红线、环境质量底线等管控要求间的关系，明确提出规划实施的资源、生态、环境制约因素。

 互动交流

说一说，如果你的家乡未来有工业项目规划，你需要进行规划环境影响评价，应如何确定评价范围？

 相关链接

资源、生态、环境现状调查内容。

资源、生态、环境现状调查内容

 复习与思考

1. 简述规划环境影响评价的评价范围。
2. 如何进行规划的协调性分析？

任务三　规划环境影响评价因子识别与指标确定

 知识目标　了解规划环境影响评价的因子有哪些。

 能力目标　能够对规划环境影响进行识别；能够根据环境目标确定规划环境影响评价指标。

 素质目标　形成建立目标体系的方法分析复杂问题的工作思路。

识别规划实施可能产生的资源、生态、环境影响，初步判断影响的性质、范围和程度，确定评价重点，明确环境目标，建立评价的指标体系。

一、环境影响识别

（1）根据规划方案的内容、年限，识别和分析评价期内规划实施对资源、生态、环境造成影响的途径、方式，以及影响的性质、范围和程度。识别规划实施可能产生的主要生态影响和风险。

（2）对于可能产生具有易生物蓄积、长期接触对人群和生物产生危害作用的无机和有机污染物、放射性污染物、微生物等的规划，还应识别规划实施产生的污染物与人体接触的途径以及可能造成的人群健康风险。

（3）对资源、生态、环境要素的重大不良影响，可从规划实施是否导致区域环境质量下降和生态功能丧失、资源利用冲突加剧、人居环境明显恶化等三个方面进行分析与判断，具体判断标准如下：

① 导致区域环境质量、生态功能恶化的重大不良生态影响，主要包括规划实施使评价区域的环境质量下降（环境质量降级）或导致生态保护红线、重点生态功能区的组成、结构、功能发生显著不良变化或导致其功能丧失。

② 导致资源利用、环境保护严重冲突的重大不良生态影响，主要包括规划实施与规划范围内或相邻区域内的其他资源开发利用规划和环境保护规划等产生的显著冲突，规划实施可能导致的跨行政区、跨流域以及跨国界的显著不良影响。

③ 导致人居环境发生显著不利变化的重大不良生态影响，主要包括规划实施导致具有易生物蓄积、长期接触对人体和生物产生危害作用的无机和有机污染物、放射性污染物、微生物等在水、大气和土壤等人群主要环境暴露介质中污染水平显著增加，农牧渔产品污染风险、人群健康风险显著增加，规划实施导致人居生态环境发生显著不良变化。

（4）通过环境影响识别，筛选出受规划实施影响显著的资源、生态、环境要素，作为环境影响预测与评价的重点。

二、环境目标与评价指标确定

1. 确定环境目标

环境目标是开展规划环境影响评价的依据。确定环境目标要通过分析国家和区域可持续发展战略、生态环境保护法规与政策、资源利用法规与政策等的目标及要求，重点依据评价范围涉及的生态环境保护规划、生态建设规划以及其他相关生态环境保护管理规定，结合规划协调性分析结论，衔接区域"三线一单"成果，设定各评价时段有关生态功能保护、环境质量改善、污染防治、资源开发利用等的具体目标及要求。

2. 建立评价指标体系

结合规划实施的资源、生态、环境等制约因素，从环境质量、生态保护、资源利用、污染排放、风险防控、环境管理等方面构建评价指标体系。评价指标应符合评价区域生态环境特征，体现环境质量和生态功能不断改善的要求，体现规划的属性特点及其主要环境影响特征。

3. 确定评价指标值

评价指标应易于统计、比较和量化，指标值应符合相关产业政策、生态环境保护政策、相关标准中规定的限值要求，如国内政策、标准中没有相应的规定，也可参考国际标准来确定；对于不易量化的指标可参考相关研究成果或经过专家论证，给出半定量的指标值或定性说明。

互动交流

说一说，如果你的家乡未来有工业项目规划，你需要进行规划环境影响评价，应如何构建环境影响指标体系？

 相关链接

区域规划内环境目标和评价指标表述示范

区域规划内环境目标和评价指标表述示范

 复习与思考

1. 什么是规划环境影响识别？
2. 规划环境影响识别包含哪些内容？

任务四 规划方案优化调整及合理化建议

 知识目标　了解规划方案优化调整及合理化建议。

 能力目标　能够根据规划环境影响评价情况优化调整规划方案，并提出合理化建议。

 素质目标　乐于运用所学方法研究与思考更多可行方案及合理化建议。

以改善环境质量和保障生态安全为核心，综合环境影响预测与评价结果，论证规划目标、规模、布局、结构等规划内容的环境合理性以及评价设定的环境目标的可达性，分析判定规划实施的重大资源、生态、环境制约的程度、范围、方式等，提出规划方案的优化调整建议并推荐环境可行的规划方案。如果规划方案优化调整后资源、生态、环境仍难以承载，不能满足资源利用上线和环境质量底线要求，应提出规划方案的重大调整建议。

一、规划方案综合论证

1. 规划方案的综合论证

规划方案的综合论证包括环境合理性论证和环境效益论证两部分内容。前者从规划实施对资源、生态、环境综合影响的角度，论证规划内容的合理性；后者从规划实施对区域经济、社会与环境发挥的作用，以及协调当前利益与长远利益之间关系的角度，论证规划方案的合理性。

2. 规划方案的环境合理性论证

规划方案的环境合理性论证包括：

① 基于区域环境保护目标以及"三线一单"要求，结合规划协调性分析结论，论证规划目标与发展定位的环境合理性。

② 基于环境影响预测与评价和资源与环境承载力评估结论，结合资源利用上线和环境质量底线等要求，论证规划规模和建设时序的环境合理性。

③ 基于规划布局与生态保护红线、重点生态功能区、其他环境敏感区的空间位置关系和对以上区域的影响预测结果，结合环境风险评价的结论，论证规划布局的环境合理性。

④ 基于环境影响预测与评价和资源与环境承载力评估结论，结合区域环境管理和循环经济发展要求，以及规划重点产业的环境准入条件和清洁生产水平，论证规划用地结构、能源结构、产业结构的环境合理性。

⑤ 基于规划实施环境影响预测与评价结果，结合生态环境保护措施的经济技术可行性、有效性，论证环境目标的可达性。

3. 规划方案的环境效益论证

分析规划实施在维护生态功能、改善环境质量、提高资源利用效率、减少温室气体排放、保障人居安全、优化区域空间格局和产业结构等方面的环境效益。

4. 不同类型规划方案综合论证重点

进行综合论证时，应针对不同类型和不同层级规划的环境影响特点，选择论证方向，突出重点。

① 对于资源能源消耗量大、污染物排放量高的行业规划，重点从流域和区域资源利用上线、环境质量底线对规划实施的约束、规划实施可能对环境质量的影响程度、环境风险、人群健康风险等方面，论述规划拟定的发展规模、布局（及选址）和产业结构的环境合理性。

② 对于土地利用的有关规划和区域、流域、海域的建设、开发利用规划，农业、畜牧业、林业、能源、水利、旅游、自然资源开发专项规划，重点从流域或区域生态保护红线、资源利用上线对规划实施的约束，以及规划实施对生态系统及环境敏感区、重点生态功能区结构、功能的影响和生态风险等角度，论述规划方案的环境合理性。

③ 对于公路、铁路、城市轨道交通、航运等交通类规划，重点从规划实施对生态系统结构、功能所造成的影响，规划布局与评价区域生态保护红线、重点生态功能区、其他环境敏感区的协调性等方面，论述规划布局（及选线、选址）的环境合理性。

④ 对于产业园区等规划，重点从区域资源利用上线、环境质量底线对规划实施的约束、规划及包括的交通运输实施可能对环境质量的影响程度以及环境风险与人群健康风险等方面，综合论述规划规模、布局、结构、建设时序以及规划环境基础设施、重大建设项目的环境合理性。

⑤ 对于城市规划、国民经济与社会发展规划等综合类规划，重点从区域资源利

用上线、生态保护红线、环境质量底线对规划实施的约束，城市环境基础设施对规划实施的支撑能力、规划及相关交通运输实施对改善环境质量、优化城市生态格局、提高资源利用效率的作用等方面，综合论述规划方案的环境合理性。

二、规划方案的优化调整建议

（1）根据规划方案的环境合理性和环境效益论证结果，对规划内容提出明确的、具有可操作性的优化调整建议，特别是出现以下情形时：

① 规划的主要目标、发展定位不符合上层位主体功能区规划、区域"三线一单"等要求。

② 规划空间布局和包含的具体建设项目选址、选线不符合生态保护红线、重点生态功能区以及其他环境敏感区的保护要求。

③ 规划开发活动或包含的具体建设项目不满足区域生态环境准入清单要求、属于国家明令禁止的产业类型或不符合国家产业政策、环境保护政策。

④ 规划方案中配套的生态保护、污染防治和风险防控措施实施后，区域的资源、生态、环境承载力仍无法支撑规划实施，环境质量无法满足评价目标，或仍可能造成重大的生态破坏和环境污染，或仍存在显著的环境风险。

⑤ 规划方案中有依据现有科学水平和技术条件，无法或难以对其产生的不良环境影响的程度或范围作出科学、准确判断的内容。

（2）应明确优化调整后的规划布局、规模、结构、建设时序，给出相应的优化调整图、表，说明优化调整后的规划方案具备资源、生态和环境方面的可支撑性。

（3）将优化调整后的规划方案，作为评价推荐的规划方案。

（4）说明规划环评与规划编制的互动过程、互动内容和各时段向规划编制机关反馈的建议及其被采纳情况等互动结果。

三、环境影响减缓对策和措施

（1）规划的环境影响减缓对策和措施是针对评价推荐的规划方案实施后可能产生的不良环境影响，在充分评估规划方案中已明确的环境污染防治、生态保护、资源能源增效等相关措施的基础上，提出的环境保护方案和管控要求。

（2）环境影响减缓对策和措施应具有针对性和可操作性，能够指导规划实施中的生态环境保护工作，有效预防重大不良生态影响的产生，并促进环境目标在相应的规划期限内可以实现。

（3）环境影响减缓对策和措施一般包括生态环境保护方案和管控要求。主要内容包括：

① 提出现有生态环境问题解决方案，规划区域整体性污染治理、生态修复与建设、生态补偿等环境保护方案，以及与周边区域开展联防联控等预防和减缓环境影响的对策措施。

② 提出规划区域资源能源可持续开发利用、环境质量改善等目标、指标性管控要求。

③ 对于产业园区等规划，从空间布局约束、污染物排放管控、环境风险防控、资源开发利用等方面，以清单方式列出生态环境准入要求。

互动交流

说一说,如果你的家乡未来有工业项目规划,你该如何通过规划环境影响评价结果对该项目方案进行优化?应从哪些方面考虑?

环境影响减缓对策和措施中环境管控要求和生态环境准入清单包含的内容

 相关链接

环境影响减缓对策和措施中环境管控要求和生态环境准入清单包含的内容

 复习与思考

1. 规划环境影响减缓对策和措施有哪些?
2. 从哪些方面进行规划方案的综合论证?

任务五　环境影响跟踪评价与公众参与

 知识目标　了解公众参与的定义。

 能力目标　能够根据环境影响情况开展跟踪评价。

 素质目标　乐于参与到推动公众参与的公益实践中,将所学奉献于社会。

一、环境影响跟踪评价

环境影响跟踪评价指规划编制机关在规划的实施过程中,对已经和正在产生的环境影响进行监测、分析和评价的过程,用以检验规划实施的实际环境影响以及不良环境影响减缓措施的有效性,并根据评价结果,提出完善环境管理方案,或者对正在实施的规划方案进行修订。

环境影响跟踪评价应结合规划实施的主要生态环境影响,拟定跟踪评价计划,监测和调查规划实施对区域环境质量、生态功能、资源利用等的实际影响,以及不良生态环境影响减缓措施的有效性。

跟踪评价取得的数据、资料和结果应能够说明规划实施带来的生态环境质量实际变化,反映规划优化调整建议、环境管控要求和生态环境准入清单等对策措施的执行效果,并为后续规划实施、调整、修编,完善生态环境管理方案和加强相关建设项目环境管理等提供依据。

跟踪评价计划应包括工作目的、监测方案、调查方法、评价重点、执行单位、实施安排等内容。主要包括：

（1）明确需重点调查、监测、评价的资源生态环境要素，提出具体监测计划及评价指标，以及相应的监测点位、频次、周期等。

（2）提出调查和分析规划优化调整建议、环境影响减缓措施、环境管控要求和生态环境准入清单落实情况和执行效果的具体内容和要求，明确分析和评价不良生态环境影响预防和减缓措施有效性的监测要求和评价准则。

（3）提出规划实施对区域环境质量、生态功能、资源利用等的阶段性综合影响，环境影响减缓措施和环境管控要求的执行效果，后续规划实施调整建议等跟踪评价结论的内容和要求。

二、公众参与和会商意见处理

收集整理公众意见和会商意见，对于已采纳的，应在环境影响评价文件中明确说明修改的具体内容；对于未采纳的，应说明理由。

  互动交流

说一说，为什么要进行跟踪评价？跟踪评价的意义是什么？

 相关链接

环境影响评价中公众参与工作程序

环境影响评价中公众参与工作程序

 复习与思考

1. 跟踪评价的概念是什么？
2. 跟踪评价主要评价内容有哪些？

参考文献

[1] 李淑芹，孟宪林. 环境影响评价. 3 版. [M] 北京：化学工业出版社，2021.
[2] 吴春山，成岳. 环境影响评价. 3 版. [M] 武汉：华中科技大学出版社，2020.
[3] 靳彤. 中国环境发展报告（2019—2021）[M] 北京：社会科学文献出版社，2021.
[4] 张小广，姚伟卿，彭艳春. 大气污染控制技术. [M] 北京：化学工业出版社，2020.
[5] 刘晓东，王萍. 环境影响评价基础. [M] 北京：科学出版社，2021.
[6] 刘丽娟. 环境影响评价技术. [M] 北京：化学工业出版社，2017.
[7] HJ 2.3—2018. 环境影响评价技术导则　地表水环境.